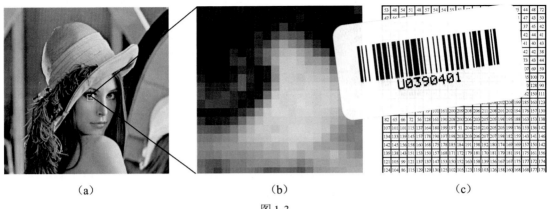

（a）　　　　　　　　　　（b）　　　　　　　　　　（c）

图 1-3

（a）　　　　　　　　　　　　　　　　（b）

（c）　　　　　　　　　　　　　　　　（d）

图 2-7

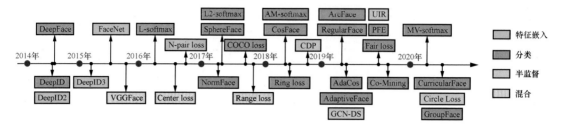

图 6-12

图 9-18

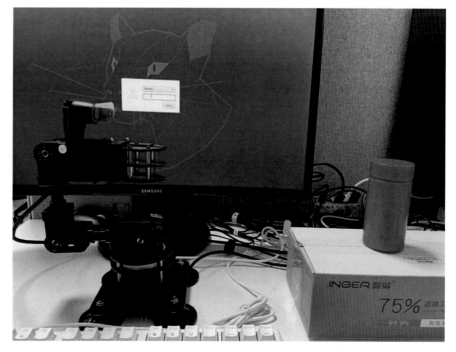

图 10-11

（a）

（b）

（c）

图 10-12

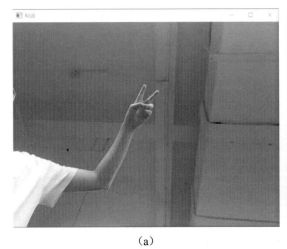
（a）

（b）

图 12-1

 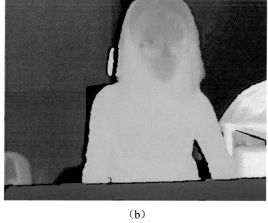

（a） （b）

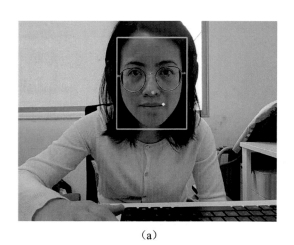

（c）

图 12-4

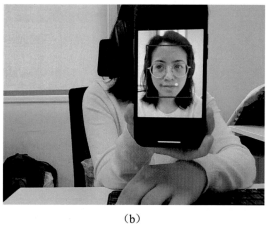

（a） （b）

图 12-6

吴佳 于仕琪◎编著

# 图像处理与计算机视觉实践

## ——基于 OpenCV 和 Python

人民邮电出版社

北京

**图书在版编目（ＣＩＰ）数据**

图像处理与计算机视觉实践 ：基于OpenCV和Python ／
吴佳，于仕琪编著. -- 北京 ：人民邮电出版社，
2023.10
　ISBN 978-7-115-62454-3

Ⅰ．①图… Ⅱ．①吴… ②于… Ⅲ．①图像处理软件
②计算机视觉 Ⅳ．①TP391.413②TP302.7

中国国家版本馆CIP数据核字(2023)第167947号

## 内 容 提 要

"图像处理"和"计算机视觉"课程是人工智能专业的必修课，是计算机、智能科学、电子信息、软件工程等专业的选修课。

OpenCV 是一个开源的计算机视觉库，高效地实现了大量图像处理和计算机视觉算法。本书基于成熟的 OpenCV 库，采用 Python 语言，通过大量的实际应用示例，介绍图像处理和计算机视觉算法。书中的示例以最近几年的最新科研进展为主，如人脸识别、目标跟踪、二维码识别、手势识别等。读者通过这些实用示例可以快速透彻理解算法理论，同时提高将理论应用于实践的能力。

本书提供配套的源代码，方便读者学习实践。本书可作为"图像处理"和"计算机视觉"课程的教材，适合图像处理领域的师生、从业人员、OpenCV 初学者参考，也适合有一定 Python 语言基础的读者进阶学习。

◆ 编　　著　吴　佳　于仕琪
　　责任编辑　赵祥妮
　　责任印制　陈　犇

◆ 人民邮电出版社出版发行　　北京市丰台区成寿寺路 11 号
　　邮编　100164　　电子邮件　315@ptpress.com.cn
　　网址　https://www.ptpress.com.cn
　　北京七彩京通数码快印有限公司印刷

◆ 开本：787×1092　1/16　　　　彩插：2
　　印张：10　　　　　　　　　2023 年 10 月第 1 版
　　字数：254 千字　　　　　　2024 年 9 月北京第 5 次印刷

定价：49.90 元

读者服务热线：(010)81055410　印装质量热线：(010)81055316
反盗版热线：(010)81055315
广告经营许可证：京东市监广登字 20170147 号

# 前　言

　　基于计算机视觉和数字图像处理技术的应用已经深入我们工作与生活的很多方面，比如门禁、闸机系统的人脸识别、汽车的自动驾驶、工业生产中的自动质检、美颜、安防系统中的目标检测跟踪、医学影像的自动诊断等。构成这些技术的基础是数字图像处理和计算机视觉理论，高等院校的人工智能专业都开设了"数字图像处理"和"计算机视觉"这两门必修课，它们也是其他相关专业（如计算机、智能科学、电子信息、软件工程等）的选修课。将理论知识落地到实际应用中，需要学习者对理论有扎实的理解，同时具备很强的工程应用能力；较好的学习方法是在理论学习中结合实践，通过动手实现具体应用来理解理论知识并提高工程应用能力，避免"纸上谈兵"，这也是写作本书的出发点。

　　本书是一本实践性的教材，通过大量与知识点相关的示例和完整的应用示例来介绍数字图像处理和计算机视觉理论的基础知识，更重要的是训练学习者的实际开发能力，同时加深其对知识点的理解。本书所有的示例均采用 Python 语言并基于 OpenCV 库来实现。OpenCV 是经典的图像处理和计算机视觉的开源软件工具，它涵盖了从图像处理的基础算法到复杂的计算机视觉、机器学习的高级算法，更包括了最新的与深度学习有关的内容，在学术界和工业界被广泛使用。OpenCV 简单易用，同时也是高度优化的，有很多算法都可以直接用于实际产品。它的通用性强，用户不用担心更换了系统环境或硬件设备而需要耗费时间重新编码。Python 语言是目前主流的编程语言，易于编写、易于调试。通过结合 OpenCV 和 Python，学习者可以专注于理解关键理论知识，避免耗费很多时间在配置开发环境和调试程序上。

　　随着深度学习的兴起，计算机视觉领域的应用有了突飞猛进的发展，很多方向都实现了大规模应用。本书紧跟技术前沿，介绍的应用示例均以近几年的最新科研和研发进展为主，同时贴近实际应用场景，如人脸识别、目标跟踪、文本识别、QR 码识别等，书中不再花篇幅介绍过时的算法。配套的示例代码资源可在异步社区下载。希望读者通过本书，可以在实践中加深对知识的理解，同时提高工程应用能力。

　　由于编写时间仓促，笔者水平有限，书中难免出现一些错误或不准确的地方，恳请读者批评指正，您可以给我们发送电子邮件。如果您有其他的一些建议或意见，也欢迎发送邮件给我们。联系电子邮箱为 jia.wu@opencv.org.cn。

吴佳　于仕琪

# 资源与支持

## 资源获取

本书提供如下资源：

● 本书源代码、素材文件

● 书中彩图文件

要获得以上资源，您可以扫描右方二维码，根据指引领取。

## 提交勘误

作者和编辑尽最大努力来确保书中内容的准确性，但难免会存在疏漏。欢迎您将发现的问题反馈给我们，帮助我们提升图书的质量。

当您发现错误时，请登录异步社区（https://www.epubit.com/），按书名搜索，进入本书页面，点击"发表勘误"，输入勘误信息，点击"提交勘误"按钮即可（见下图）。本书的作者和编辑会对您提交的勘误进行审核，确认并接受后，您将获赠异步社区的 100 积分。积分可用于在异步社区兑换优惠券、样书或奖品。

| | | |
|---|---|---|
| ▌图书勘误 | | ✎ 发表勘误 |

页码：　1　　　　页内位置（行数）：　1　　　　勘误印次：　1

图书类型：　● 纸书　　○ 电子书

添加勘误图片（最多可上传4张图片）

+

提交勘误

全部勘误　　我的勘误

## 与我们联系

我们的联系邮箱是 contact@epubit.com.cn。

如果您对本书有任何疑问或建议，请您发邮件给我们，并请在邮件标题中注明本书书名，以便我们更高效地做出反馈。

如果您有兴趣出版图书、录制教学视频，或者参与图书翻译、技术审校等工作，可以发邮件给我们。

如果您所在的学校、培训机构或企业，想批量购买本书或异步社区出版的其他图书，也可以发邮件给我们。

如果您在网上发现有针对异步社区出品图书的各种形式的盗版行为，包括对图书全部或部分内容的非授权传播，请您将怀疑有侵权行为的链接发邮件给我们。您的这一举动是对作者权益的保护，也是我们持续为您提供有价值的内容的动力之源。

## 关于异步社区和异步图书

**"异步社区"**（www.epubit.com）是由人民邮电出版社创办的 IT 专业图书社区，于 2015 年 8 月上线运营，致力于优质内容的出版和分享，为读者提供高品质的学习内容，为作译者提供专业的出版服务，实现作者与读者在线交流互动，以及传统出版与数字出版的融合发展。

**"异步图书"**是异步社区策划出版的精品 IT 图书的品牌，依托于人民邮电出版社在计算机图书领域 30 余年的发展与积淀。异步图书面向 IT 行业以及各行业使用 IT 技术的用户。

# 目　录

# 第1章

# 图像的基本操作

## 1.1 OpenCV 简介

OpenCV 是 **Open** Source Computer Vision Library 的缩写，它是一个开放源代码的计算机视觉库（代码仓库地址 https://github.com/opencv）。OpenCV 提供了 2500 多个传统和主流的、从基本到高级的计算机视觉算法及机器视觉算法，稳定而高效。其底层使用 C/C++实现，具有 Python、Java、JavaScript 等语言的接口，且 Python 版本用户的数量在不断增长。

OpenCV 于 1999 年由 Intel（英特尔）公司发起，2000 年在 CVPR 会议（Conference on Computer Vision and Pattern Recognition，国际计算机视觉与模式识别会议）上正式以 BSD（Berkely Software Distribution，伯克利软件发行版）许可证授权发行。用户可以在教育研究、个人项目或者商业产品中免费使用 OpenCV，也就是说，用户可以对 OpenCV 做任何操作，包括修改 OpenCV 的源代码、将 OpenCV 嵌入自己开发的软件中、销售包含 OpenCV 的软件等，唯一的约束是要在软件的文档或者说明中注明使用了 OpenCV 并附上 OpenCV 的协议。从 2020 年 10 月发布的 4.5 版本开始，OpenCV 改用 Apache 2.0 许可证，Apache 2.0 许可证除了提供与 BSD 许可证相同的许可，还有专利相关的条款。OpenCV 的协议保证了计算机视觉技术快速的传播，让更多人从 OpenCV 中受益。

OpenCV 最初的开发工作是由 Intel 俄罗斯团队负责的，几经变化后在 2020 年形成图 1-1 所示的分布式开发团队，由美国、俄罗斯、中国的 3 个研发中心和 OpenCV 社区共同维护 OpenCV 的发展。

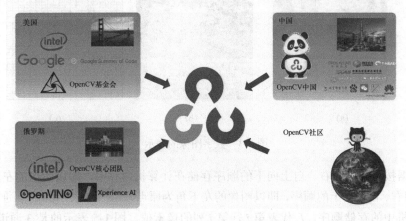

图 1-1　OpenCV 分布式开发团队

虽然 OpenCV 的底层是用 C++实现的，但目前使用 OpenCV Python 接口的用户数量已超过使用其 C++接口的用户数量。除了易于编写和调试，Python 接口的 OpenCV 库安装起来也非常简单，在终端输入下面的命令即可安装 OpenCV：

```
# 安装 opencv 库
pip install opencv-python

# 或者
# 同时安装 opencv 和 opencv_contrib
pip install opencv-contrib-python
```

本章及后面的章节将结合 OpenCV 对图像处理和计算机视觉的基础算法与一些主流应用进行介绍，读者可通过使用 OpenCV 实现算法并观察结果，全面理解这些算法知识，并学会应用理论知识。

# 1.2 图像的基本操作

## 1.2.1 数字图像的表示

我们在电子设备上看到的图像都可以称为数字图像，例如图 1-2 所示的 Lena 图像。

对计算机来说，这幅图像只是一些亮度不同的点。一幅尺寸为 $M{\times}N$ 的图像可以用 $M{\times}N$ 的矩阵（即 $M{\times}N$ 个点）表示，如图 1-3 所示。每个矩阵元素代表一个像素，元素的值表示这个位置图像的亮度，一般来说，值越大该点就越亮。放大图 1-3（a）中白色方框区域可得到图 1-3（b）所示效果，对应的像素的值为图 1-3（c）中的值。通常，灰度图像用 2 维矩阵 $M{\times}N$ 表示，彩色（多通道）图像用 3 维矩阵 $M{\times}N{\times}3$ 表示。对于图像显示来说，一般用无符号 8 位整数来表示像素亮度，取值范围为[0, 255]。

图 1-2 Lena 的数字图像

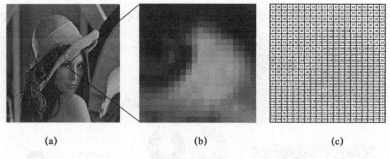

|  (a) | (b) | (c) |

图 1-3 数字图像的表示

图像数据按照自左向右、自上向下的顺序存储在计算机内存中，即以图像的左上角为原点（也有自左向右、自下向上的顺序，即以图像的左下角为原点）。图 1-4 表示的是单通道灰度图像数据在计算机中的存储顺序，$I_{ij}$ 代表第 $i$ 行第 $j$ 列的像素值。图 1-5 表示的是 3 通道 BGR 彩色图像数据在计算机中的存储顺序，每个像素用 3 个值表示，即 $B_{ij}G_{ij}R_{ij}$。需要说明一下，OpenCV 中 RGB 彩色图像的通道顺序为 BGR。

| $I_{00}$ | $I_{01}$ | ... | $I_{0(N-1)}$ |
|---|---|---|---|
| $I_{10}$ | $I_{11}$ | ... | $I_{1(N-1)}$ |
| ... | ... | | ... |
| $I_{(M-1)0}$ | $I_{(M-1)1}$ | ... | $I_{(M-1)(N-1)}$ |

| $B_{00}$ | $G_{00}$ | $R_{00}$ | $B_{01}$ | $G_{01}$ | $R_{01}$ | ... | $B_{0(N-1)}$ | $G_{0(N-1)}$ | $R_{0(N-1)}$ |
|---|---|---|---|---|---|---|---|---|---|
| $B_{10}$ | $G_{10}$ | $R_{10}$ | $B_{11}$ | $G_{11}$ | $R_{11}$ | ... | $B_{1(N-1)}$ | $G_{1(N-1)}$ | $R_{1(N-1)}$ |
| ... | ... | ... | ... | ... | ... | | ... | ... | ... |
| $B_{(M-1)0}$ | $G_{(M-1)0}$ | $R_{(M-1)0}$ | $B_{(M-1)1}$ | $G_{(M-1)1}$ | $R_{(M-1)1}$ | | $B_{(M-1)(N-1)}$ | $G_{(M-1)(N-1)}$ | $R_{(M-1)(N-1)}$ |

图 1-4 单通道灰度图像数据在计算机 中的存储顺序　　图 1-5 3 通道 BGR 彩色图像数据在计算机中的存储顺序

## 1.2.2 图像文件的读写与显示

OpenCV 提供了函数 cv.imread()、cv.imshow() 和 cv.imwrite() 来处理图像文件的读取、显示和写入。

**1. 图像文件的读取**

使用 cv.imread() 函数将图像文件读入内存：

```
retval = cv.imread(filename[, flags])
```

其中的主要参数介绍如下。

- filename：要读取的图像文件的文件名。
- flags：控制如何读入图像文件的标志。flags 的取值和含义如表 1-1 所示。
- retval：读入的图像数据。

表 1-1 参数 flags 的取值和含义

| flags 取值 | 含义 |
|---|---|
| cv.IMREAD_UNCHANGED | 保持图像原始形式不变 |
| cv.IMREAD_GRAYSCALE | 将图像转换为单通道的灰度图像 |
| cv.IMREAD_COLOR | 默认值。将图像转换为 3 通道的 BGR 图像 |
| cv.IMREAD_ANYDEPTH | 当输入图像是 16 位或 32 位时读入后保持不变，否则转换为 8 位 |
| cv.IMREAD_ANYCOLOR | 读入任意彩色格式 |
| cv.IMREAD_LOAD_GDAL | 用 GDAL 加载图像 |
| cv.IMREAD_REDUCED_GRAYSCALE_2 | 将图像转换为单通道灰度图像，并且尺寸缩小为原始的 1/2 |
| cv.IMREAD_REDUCED_COLOR_2 | 将图像转换为 3 通道的 BGR 图像，并且尺寸缩小为原始的 1/2 |
| cv.IMREAD_REDUCED_GRAYSCALE_4 | 将图像转换为单通道灰度图像，并且尺寸缩小为原始的 1/4 |
| cv.IMREAD_REDUCED_COLOR_4 | 将图像转换为 3 通道的 BGR 图像，并且尺寸缩小为原始的 1/4 |
| cv.IMREAD_REDUCED_GRAYSCALE_8 | 将图像转换为单通道灰度图像，并且尺寸缩小为原始的 1/8 |
| cv.IMREAD_REDUCED_COLOR_8 | 将图像转换为 3 通道的 BGR 图像，并且尺寸缩小为原始的 1/8 |
| cv.IMREAD_IGNORE_ORIENTATION | 不根据 EXIF（Exchangeable Image File，可交换图像文件）的方向标记旋转图像 |

flags 的默认值为 cv.IMREAD_COLOR，即将读入的图像转换为 3 通道 BGR 图像数据。假如图像文件为单通道的灰度图像，读入后会被强制转换为 3 通道。cv.IMREAD_GRAYSCALE 则返回单通道图像数据，假如图像文件为多通道图像，读入后会被强制转换为单通道图像。

cv.imread()支持多种格式图像文件的读取，OpenCV 支持读取的图像文件格式如表 1-2 所示。

表 1-2　OpenCV 支持读取的图像文件格式

| 图像文件格式 | 扩展名 |
| --- | --- |
| Windows 位图 | bmp, dib |
| JPEG | jpeg, jpg, jpe |
| JPEG 2000 | jp2 |
| 便携式网络图像 | png |
| WebP | webp |
| 便携式图像格式 | pbm, pgm, ppm, pxm, pnm |
| PFM | pfm |
| Sun 栅格 | sr, ras |
| TIFF | tiff, tif |
| OpenEXR 图像 | exr |
| Radiance HDR | hdr, pic |
| GDAL 支持的栅格和矢量地理空间数据的各种格式 | Raster 和 Vector 图像文件的扩展名 |

注意：想要OpenCV支持某种图像文件格式，需要有对应的文件格式库。只有在编译OpenCV时添加了相应的库，安装后OpenCV才能支持此格式。

### 2. 图像文件的显示

成功读取图像文件后，可以使用 OpenCV 提供的 GUI（Graphical User Interface，图形用户界面），用 cv.imshow()将图像在窗口中显示出来，如图 1-6 所示。

图 1-6　OpenCV 图像在窗口显示

cv.imshow(winname, mat)

其中的主要参数介绍如下。

- winname：图像显示窗口的名称。
- mat：要显示的图像数据。

前面提到对于图像显示来说，一般用无符号 8 位整数，取值范围为[0, 255]。根据 mat 的数据类型，cv.imshow()显示图像时会进行以下操作。

- 如果 mat 是 8 位无符号整数，则直接显示。
- 如果 mat 是 16 位无符号整数，则像素值域会做[0, 255*256]到[0, 255]的映射。
- 如果 mat 是 32 位或 64 位浮点数，则像素值域会做[0, 1]到[0, 255]的映射。
- 如果 mat 是 32 位整数，则需要用户根据应用上下文预先进行将像素值域映射到[0, 255]的处理。

通过函数 cv.imshow()生成的窗口会根据显示的图像自动调整大小，用户不能手动改变窗口大小。如果想改变窗口大小，可以使用 OpenCV 提供的另一个函数 cv.namedWindow()来生成窗口。

```
cv.namedWindow(winname[, flags])
```

其中的主要参数介绍如下。

- winname：窗口名称。
- flags：窗口的属性。flags 值对应的窗口属性如表 1-3 所示。

表 1-3　flags 值对应的窗口属性

| flags 值 | 窗口属性 |
| --- | --- |
| cv.WINDOW_AUTOSIZE | 生成的窗口根据显示的图像自动调整大小来显示原始图像，但受屏幕分辨率限制。用户不能手动改变窗口大小 |
| cv.WINDOW_NORMAL | 用户可以手动调整窗口大小，且在此窗口显示的图像会进行缩放以适应窗口大小 |
| cv.WINDOW_OPENGL | OpenGL 支持的窗口 |
| cv.WINDOW_FULLSCREEN | 全屏窗口 |
| cv.WINDOW_FREERATIO | 改变窗口大小时，窗口宽高比例不受显示图像原始宽高比限制 |
| cv.WINDOW_KEEPRATIO | 改变窗口大小时，窗口宽高比例受显示图像原始宽高比限制，不能改变 |
| cv.WINDOW_GUI_NORMAL | 生成的窗口没有状态栏和工具栏 |
| cv.WINDOW_GUI_EXPANDED | 新的增强的 GUI |

flags 的默认值为cv.WINDOW_AUTOSIZE|cv.WINDOW_KEEPRATIO|cv.WINDOW_GUI_EXPANDED。

调用函数 cv.imshow()后还需要紧接着调用函数 cv.waitKey()来执行 GUI 的 housekeeping 任务，这样才能实际显示图像和响应鼠标、键盘事件，否则不会显示图像且窗口可能被锁住。函数 cv.waitKey()的功能是等待键盘按键按下。

```
retval = cv.waitKey([delay])
```

其中的主要参数介绍如下。

- delay：等待键盘事件的时间，单位为 ms；如果值小于或等于 0，则窗口会一直等待键盘按键按下。默认值为 0。
- retval：如果指定的时间内没有按键按下，则返回-1，否则返回被按下按键的 ASCII（American Standard Code for Information Interchange，美国信息交换标准代码）。

函数 cv.destroyWindow(winname)和 cv.destroyAllWindows()用于销毁生成的窗口。

### 3. 图像文件的写入

将图像数据写入文件，可使用 cv.imwrite()函数：

```
retval = cv.imwrite(filename, img[, params])
```

其中的主要参数介绍如下。

- filename：文件名。
- img：待写入的图像数据。
- params：指定文件格式。OpenCV 可保存的文件格式如表 1-4 所示。

表 1-4 OpenCV 可保存的文件格式

| params | 含义 |
|---|---|
| cv.IMWRITE_JPEG_QUALITY | JPEG 图像质量，取值范围为[0, 100]，数值越大图像质量越高，同时文件也越大。默认值为 95 |
| cv.IMWRITE_JPEG_PROGRESSIVE | 使用渐进式 JPEG，取值为 0 或 1。默认值为 0，表示不使用 |
| cv.IMWRITE_JPEG_OPTIMIZE | 启用优化，取值为 0 或 1。默认值为 0，表示不启用 |
| cv.IMWRITE_JPEG_RST_INTERVAL | JPEG 重启间隔，取值范围为[0, 65535]。默认值为 0，表示不重启 |
| cv.IMWRITE_JPEG_LUMA_QUALITY | 分离亮度质量级别，取值范围为[0, 100]。默认值为-1，表示不使用 |
| cv.IMWRITE_JPEG_CHROMA_QUALITY | 分离色度质量级别，取值范围为[0, 100]。默认值为-1，表示不使用 |
| cv.IMWRITE_JPEG_SAMPLING_FACTOR | JPEG 设置采样因子 |
| cv.IMWRITE_PNG_COMPRESSION | PNG 图像压缩级别，取值范围为[0, 9]，值越大文件越小，但压缩所需的时间也越长。默认值为 1（速度最佳的设置） |
| cv.IMWRITE_PNG_STRATEGY | cv::ImwritePNGFlags 之一，默认值为 IMWRITE_PNG_STRATEGY_RLE |
| cv.IMWRITE_PNG_BILEVEL | PNG 二值级别，取值为 0 或 1，默认值为 0 |
| cv.IMWRITE_PXM_BINARY | PPM、PGM 或 PBM 文件以二进制还是纯文本存储的标志，取值为 0 或 1。默认值为 1，即以二进制方式存储 |
| cv.IMWRITE_EXR_TYPE | EXR 图像存储类型。1 表示 FP16，2 表示 FP32，默认值为 2 |
| cv.IMWRITE_EXR_COMPRESSION | 重写 EXR 存储类型（默认值为 FLOAT (FP32)） |
| cv.IMWRITE_WEBP_QUALITY | 重写 EXR 压缩类型（默认值为 ZIP_COMPRESSION = 3）。WEBP 表示质量，取值范围为[0, 100]，数值越大图像质量越高 |
| cv.IMWRITE_PAM_TUPLETYPE | PAM 用来设置 TUPLETYPE 为相应的格式定义的字符串值 |
| cv.IMWRITE_TIFF_RESUNIT | TIFF 图像用于指定设置哪个分辨率（单位为 dpi，即 dot per inch，点每英寸） |
| cv.IMWRITE_TIFF_XDPI | TIFF 图像用于指定 X 轴方向分辨率（dpi） |
| cv.IMWRITE_TIFF_YDPI | TIFF 图像用于指定 Y 轴方向分辨率（dpi） |
| cv.IMWRITE_TIFF_COMPRESSION | TIFF 图像用于指定图像压缩策略 |
| cv.IMWRITE_JPEG2000_COMPRESSION_X1000 | JPEG2000 图像用于指定目标压缩率（乘 1000）。取值范围为[0, 1000]，默认值为 1000 |

存储的图像格式根据 filename 中的扩展名来决定，同时并不是所有的 img 都可以存为图像文件，目前只支持 8 位单通道和 3 通道（颜色顺序为 BGR）矩阵。如果 img 为 16 位无符号整数类型，则需要存储为 PNG、JPEG 2000 或 TIFF 格式；若为 32 位浮点数类型，则需要存储为 PFM、TIFF、OpenEXR 或 Radiance HDR 格式。如果某格式的图像矩阵不支持保存为图像文件，可以先用 cv.convertTo()函数或者 cv.cvtColor()函数将矩阵转为可以保存的格式，再保存。另外需要注意的是，在保存文件时如果文件名已经存在，cv.imwrite()函数不会进行提醒，将直接覆盖以前的文件。

下面的例子展示了如何读入一幅彩色图像，读入的同时将原始图像转换为灰度图像，在窗口显示灰度图像，并将灰度图像保存到文件中。

```python
import cv2 as cv

def main():
```

```
# 读入图像，同时转换为灰度图像
im_grey = cv.imread("lena.jpg", cv.IMREAD_GRAYSCALE)

# 将灰度图像写入文件
cv.imwrite("lena_grey.jpg", im_grey)

# 显示灰度图像
cv.imshow("Lena", im_grey)
cv.waitKey()
# 销毁窗口
cv.destroyAllWindows()

if __name__ == '__main__':
    main()
```

图 1-7　灰度图像显示窗口

将 lena.jpg 放在与例子相同的目录下，运行该例子的代码后，lena_grey.jpg 将会出现在此目录。读入的原始图像如图 1-2 所示，转为灰度图像的显示窗口如图 1-7 所示。

## 1.2.3　视频文件的读写与显示

在介绍 OpenCV 如何读写与显示视频文件之前，先介绍一下编解码器（codec）。如果是图像文件，我们可以根据文件扩展名得知图像的格式，但是此经验并不能推广到视频文件中，因为视频文件的格式主要由压缩算法决定。压缩算法称为编码器（coder），解压算法称为解码器（decoder），编解码算法统称为编解码器（codec）。视频文件能否读写，关键看是否有相应的编解码器。编解码器的种类非常多，常用的有 MJPG、XVID、DIVX 等。视频文件的扩展名（如 avi 等）往往只能表示这是一个视频文件，我们并不能由其得知实际的编解码器。

OpenCV 提供了两个类来处理视频文件的读写。读视频文件的类是 VideoCapture，写视频文件的类是 VideoWriter。

VideoCapture 类既可以从视频文件读取图像，也可以从摄像头读取图像，可以使用该类的构造函数打开视频文件或者摄像头。如果 VideoCapture 类对象已经创建，可以使用 cv.VideoCapture.open()函数打开，该函数会自动调用 cv.VideoCapture.release()函数，先释放已经打开的视频文件，再打开新视频文件。如果要读取一帧图像，可以使用 cv.VideoCapture.read()函数。

打开摄像头：

```
cv.VideoCapture(index[, apiPreference])
```

其中的主要参数介绍如下。

- index：视频捕获设备的 ID，0 表示用默认后端打开默认摄像头。
- apiPreference：在有多个视频捕获后端时指定一个后端，如 cv.CAP_DSHOW、cv.CAP_MSMF、cv.CAP_V4L 等。默认值为 cv.CAP_ANY。

打开视频文件：

cv.VideoCapture(filename[, apiPreference])

其中的主要参数介绍如下。

- filename：视频文件，它可以是以下类别。
  - ○ 视频文件名，如 video.avi。
  - ○ 图像序列，如 img_%02.jpg，会逐一读取图像文件 img_00.jpg、img_01.jpg、img_02.jpg……
  - ○ 视频流的 URL（Uniform Resource Locator，统一资源定位符）。
  - ○ gst-launch 格式的 GStreamer pipeline 字符串。
- apiPreference：在有多个视频捕获后端时指定一个后端，如 cv::CAP_FFMPEG、cv::CAP_IMAGES、cv::CAP_DSHOW。默认值为 cv.CAP_ANY。

下面的例子演示了使用 VideoCapture 类读视频文件。

```python
import sys
import cv2 as cv


def main():
    # 打开第一个摄像头
    #cap = cv.VideoCapture(0)
    # 打开视频文件
    cap = cv.VideoCapture("slow_traffic_small.mp4")

    # 检查是否打开成功
    if cap.isOpened() == False:
        print('Error opening the video source. ')
        sys.exit()

    while True:
        # 读取 1 帧视频，存放到 im
        ret, im = cap.read()
        if not ret:
            print('No image read. ')
            break

        # 显示视频帧
        cv.imshow('Live', im)
        # 等待 30ms，如果有按键按下则退出循环
        if cv.waitKey(30) >= 0:
            break

    # 销毁窗口
    cv.destroyAllWindows()
    # 释放 cap
    cap.release()

if __name__ == '__main__':
    main()
```

图 1-8 为读取 1 帧视频后窗口显示的效果。

图 1-8　读取 1 帧视频后窗口显示的效果

OpenCV 提供了 VideoWriter 类来创建视频文件（写视频），在 Linux 系统中使用 FFMPEG 来写视频文件，Windows 系统中使用 FFMPEG、MSWF 或者 DSHOW，macOS 系统中使用 AVFoundation。与读视频文件不同的是，写视频文件需要在创建视频时设置一系列参数，包括文件名、编解码器、视频帧率、视频帧宽度和高度等。

首先创建 VideoWriter 类对象：

```
writer=cv.VideoWriter(filename, fourcc, fps, framesize[, iscolor])
```

其中的主要参数介绍如下。

- filename：创建的视频文件名。
- fourcc：使用 4 个字符表示的编解码器，可以是 cv.VideoWriter_fourcc ('M', 'J', 'P','G')、cv.VideoWriter_fourcc('X','V',' I','D')、cv.VideoWriter_fourcc ('D',' I','V','X')等。编解码器列表可以在 MSDN①（微软的一个期刊产品）查询。如果使用某种编解码器无法创建视频文件，请尝试其他的编解码器。
- fps：视频帧率。
- framesize：视频帧宽度和高度。
- iscolor：如果值非 0，编码器将按彩色帧进行编码；否则按灰度帧进行编码。
- writer：创建的 VideoWriter 对象。

然后使用函数 cv.VideoWriter.writer()将视频帧写入文件：

```
cv.VideoWriter.write(image)
```

其中，image 表示待写入的视频帧数据，通常是 BGR 格式的彩色图像。需要注意，image 的尺寸必须与前面的 framesize 一致。

下面的例子演示了如何写视频文件。本示例将生成一个视频文件，视频的第 0 帧是一个白色的"0"，第 1 帧是个白色的"1"，以此类推，共 100 帧。生成视频文件的播放效果如图 1-9 所示。

```
import sys
import numpy as np
import cv2 as cv
```

---

① 网址为 https://docs.microsoft.com/en-us/windows/win32/medfound/video-fourccs

```python
def main():
    # 设置视频帧的宽度和高度
    frame_size = (320, 240)

    # 设置视频帧率
    fps = 25

    # 视频编解码格式
    fourcc = cv.VideoWriter_fourcc('M', 'J', 'P', 'G')

    # 创建 writer
    writer = cv.VideoWriter("myvideo.avi", fourcc, fps, frame_size)
    # 检查是否创建成功
    if writer.isOpened() == False:
        print("Error creating video writer.")
        sys.exit()

    for i in range(0, 100):

        # 设置视频帧画面
        im = np.zeros((frame_size[1], frame_size[0], 3), dtype=np.uint8)

        # 将数字绘制到画面上
        cv.putText(im, str(i), (int(frame_size[0]/3), int(frame_size[1]*2/3)),
                   cv.FONT_HERSHEY_SIMPLEX, 3.0, (255, 255, 255), 3)

        # 保存视频帧到文件 myvideo.avi
        writer.write(im)

    # 释放 writer
    writer.release()


if __name__ == '__main__':
    main()
```

图 1-9　生成视频文件的播放效果

# 第 **2** 章

# 图像的几何变换

图像的几何变换是图像变换的一个大类，又称为图像的空间变换。简单来说，图像的几何变换是指将一幅图像中的像素点映射到另一幅图像上新的位置，即改变了像素在图像中的空间位置。如图 2-1 所示，某像素点在原图上的位置为 $(x, y)$，经几何变换后该像素点在新图上的位置为 $(x', y')$。

原图        几何变换后的图

图 2-1   图像的几何变换

最常见的图像几何变换有仿射变换和单应性变换两种，本章将对两者进行介绍。最常用的仿射变换有缩放、翻转、旋转和平移。

## 2.1 缩放

缩放是最简单的仿射变换，顾名思义，应用它可将图像放大或缩小。图 2-2 所示是一幅原始图像，图 2-3（a）所示是缩小后的图像，图 2-3（b）所示是放大后的图像。

图 2-2   原始图像

(a)                                        (b)

图 2-3   图 2-2 缩放后的图像

将图像放大或缩小后会得到新图像，比如将 100×100 的图像放大为 200×200，如果原始图像有 1 万个像素点，那么新图像中有 4 万个像素点，这 4 万个像素点的值应该怎么根据原始图像的像素值来计算呢？这就需要用到一个重要的技术——**插值**。

我们先来看一个例子。如图 2-4 所示，有一幅大小为 3×3 的图像，将其按长宽等比例放大 4/3 倍后得到一幅 4×4 的新图像，新图像中(2, 1)位置的像素对应于原始图像(1.5, 0.75)位置。但是原始图像的像素都位于整数坐标位置，于是新图像在原始图像中的对应点(1.5, 0.75)位置的像素值就需要根据其周围整数位置的像素值来计算得出，比如可以用图 2-4（a）中深色区域的 4 个像素来计算，这就是插值。

最简单的插值方法就是直接取距离(1.5, 0.75)最近的整数位置像素的值，这种方法叫作最近邻插值。

双线性插值是一种常用的插值方法，它是线性插值的扩展。在数学上，线性插值是一种曲线拟合的方法，它通过线性多项式来计算已知相邻数据点之间的点。如图 2-5 所示，假设已知 $(x_0, y_0)$ 和 $(x_1, y_1)$ 两点，用线性插值可以计算出这两点间连线上的点，也就是说给出 $x_0$ 和 $x_1$ 间的一个值 $x$，对应的 $y$ 值可用下面的式（2-1）计算得出：

$$\frac{y - y_0}{x - x_0} = \frac{y_1 - y_0}{x_1 - x_0}$$

即

$$y = y_0\left(\frac{x_1 - x}{x_1 - x_0}\right) + y_1\left(\frac{x - x_0}{x_1 - x_0}\right) \qquad 式（2-1）$$

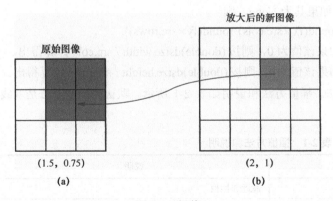

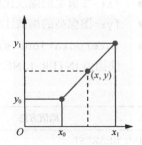

图 2-4　插值　　　　　　　　　　　　图 2-5　线性插值

对线性插值进行扩展，在两个方向上分别进行一次线性
插值，即对 $x$ 和 $y$ 都进行插值，这样的方法就称为双线性插
值。如图 2-6 所示，我们需要得到点 $P=(x,y)$ 的值，假设已知
$Q_{11}=(x_1,y_1)$、$Q_{12}=(x_1,y_2)$、$Q_{21}=(x_2,y_1)$ 和 $Q_{22}=(x_2,y_2)$ 这 4 个
点的值。

先在 $x$ 轴方向进行线性插值，得到 $R_1=(x,y_1)$ 和 $R_2=(x,y_2)$
点的值：

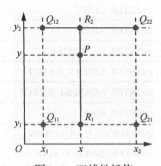

图 2-6　双线性插值

$$f(x,y_1)=\frac{x_2-x}{x_2-x_1}f(Q_{11})+\frac{x-x_1}{x_2-x_1}f(Q_{21})$$

式（2-2）

$$f(x,y_2)=\frac{x_2-x}{x_2-x_1}f(Q_{12})+\frac{x-x_1}{x_2-x_1}f(Q_{22})$$

然后在 $y$ 轴方向根据点 $R_1$ 和 $R_2$ 进行线性插值，便得到点 $P$ 的值：

$$f(x,y)=\frac{y_2-y}{y_2-y_1}f(R_1)+\frac{y-y_1}{y_2-y_1}f(R_2)$$
$$=\frac{y_2-y}{y_2-y_1}\left(\frac{x_2-x}{x_2-x_1}f(Q_{11})+\frac{x-x_1}{x_2-x_1}f(Q_{21})\right)+$$

式（2-3）

$$\frac{y-y_1}{y_2-y_1}\left(\frac{x_2-x}{x_2-x_1}f(Q_{12})+\frac{x-x_1}{x_2-x_1}f(Q_{22})\right)$$

双线性插值的结果与插值顺序无关，先进行 $x$ 轴方向插值和先进行 $y$ 轴方向插值的最终结果
是一样的。需要注意的是，双线性插值并不是线性的，而是非线性的。对于其他的插值方法，感
兴趣的读者可以查阅相关资料进行了解。

OpenCV 提供了对图像进行缩放的函数 cv.resize()，该函数支持多种插值方法。

```
dst = cv.resize(src, dsize[, fx[, fy[, interpolation]]])
```

其中的主要参数介绍如下。

● dst：输出图像，大小为 dsize，或由 src 的大小、fx 和 fy 计算得到。
● src：输入图像。

- dsize：输出图像的大小。如果其为 None，则

$$dsize = Size(round(fx \times src.cols), round(fy \times src.rows))$$

- fx：图像宽的缩放比例。如果该值为 0，则按 (double)dsize.width / src.cols 计算得出。
- fy：图像高的缩放比例。如果该值为 0，则按 (double)dsize.height / src.rows 计算得出。
- interpolation：插值方法。插值方法和说明如表 2-1 所示。默认的插值方法是双线性插值 INTER_LINEAR。

表 2-1　插值方法和说明

| 插值方法 | 说明 |
| --- | --- |
| cv.INTER_NEAREST | 最近邻插值 |
| cv.INTER_LINEAR | 双线性插值 |
| cv.INTER_CUBIC | 双三次插值 |
| cv.INTER_AREA | 使用像素区域关系进行重采样 |
| cv.INTER_LANCZOS4 | 8×8 邻域的 LANCZOS 插值 |
| cv.INTER_LINEAR_EXACT | 位精确的双线性插值 |
| cv.INTER_NEAREST_EXACT | 位精确的最近邻插值 |
| cv.INTER_MAX | 掩码插值 |
| cv.WARP_FILL_OUTLIERS | 是否填充输出图像的所有像素的标志 |
| cv.WARP_INVERSE_MAP | 逆变换的标志 |

　　不同的插值方法会产生不同质量的图像，同时它们的计算速度也不一样。图 2-7 中的 4 幅图为采用不同的插值方法将图 2-2 放大 2 倍后的图像，图 2-7（a）～图 2-7（d）依次为使用最近邻插值、双线性插值、双三次插值和 LANCZOS 插值得到的新图像。对比结果可以看出，最近邻插值会让图像产生锯齿效果，双线性插值会让图像边缘变模糊，而双三次插值和 LANCZOS 插值的效果均较好。从速度上看，这 4 种插值方法中，最近邻插值速度最快，双线性插值的速度较快，双三次插值的速度一般，而 LANCZOS 插值的速度最慢。

(a)　　　　　　　　　　　　　　　　　(b)

图 2-7　使用不同的插值方法将图 2-2 放大 2 倍后的图像

(c)                                                    (d)

图 2-7　使用不同的插值方法将图 2-2 放大 2 倍后的图像（续）

实现代码如下：

```python
import cv2 as cv
import numpy as np


def main():

    # 读入图像
    im = cv.imread('lena.jpg')
    cv.imshow('lena.jpg', im)

    # 缩放图像
    dim = (int(im.shape[1]*2), int(im.shape[0]*2))
    im_rs_nr = cv.resize(im, dim, interpolation=cv.INTER_NEAREST)
    im_rs_ln = cv.resize(im, dim, interpolation=cv.INTER_LINEAR)
    im_rs_cb = cv.resize(im, dim, interpolation=cv.INTER_CUBIC)
    im_rs_lz = cv.resize(im, dim, interpolation=cv.INTER_LANCZOS4)
    cv.imshow('lena_rs_nr.jpg', im_rs_nr)
    cv.imshow('lena_rs_ln.jpg', im_rs_ln)
    cv.imshow('lena_rs_cb.jpg', im_rs_cb)
    cv.imshow('lena_rs_lz.jpg', im_rs_lz)

    cv.waitKey()
    cv.destroyAllWindows()


if __name__ == '__main__':
    main()
```

## 2.2 翻转、旋转和平移

### 2.2.1 翻转

图像的翻转是指以某条线为轴翻转图像得到一幅新的图像，翻转后的图像与原始图像关于翻转轴对称。用 $src(x,y)$ 和 $dst(x,y)$ 分别表示原始图像和翻转后图像的像素值，比较简单的两种翻转方式如下：

- 沿水平轴（$x$ 轴）翻转，$dst(x,y)=src(x,height-y-1)$；
- 沿竖直轴（$y$ 轴）翻转，$dst(x,y)=src(width-x-1,y)$。

图 2-8 所示为沿竖直轴水平翻转图 2-2 后得到的新图像。

图 2-8 水平翻转图 2-2 后得到的新图像

OpenCV 提供了对图像进行翻转的函数 cv.flip()：

```
dst = cv.flip(src, flipCode)
```

其中的主要参数介绍如下。

- src：输入图像。
- flipCode：翻转图像的方式。0 表示沿 $x$ 轴翻转，正数值表示沿 $y$ 轴翻转，负数值表示同时沿 $x$ 轴和 $y$ 轴翻转。
- dst：输出图像，尺寸大小和数据类型与输入图像相同。

### 2.2.2 旋转

图像的旋转是指以某一点为旋转中心旋转图像得到一幅新的图像。图 2-9 所示为以图 2-2 的中心为旋转中心，将其逆时针旋转 45° 后得到的新图像。

图 2-9　图 2-2 逆时针旋转 45° 后得到的新图像

## 2.2.3　平移

图像的平移是指将图像沿图像平面内的某一方向移动一定距离得到一幅新的图像。图 2-10 所示为将图 2-2 沿 $x$ 轴负方向移动 100 个像素点后得到的新图像。

图 2-10　图 2-2 平移后得到的新图像

OpenCV 没有提供旋转和平移的专门函数，但是旋转和平移都属于仿射变换，可以用仿射变换的函数 `cv.warpAffine()` 来计算变换的结果。上述翻转、旋转和平移变换的代码如下：

```python
import cv2 as cv
import numpy as np


def main():

    # 读入图像
    im = cv.imread('lena.jpg')
    cv.imshow('lena.jpg', im)
```

```
# 沿 y 轴翻转图像（水平翻转）
im_flip = cv.flip(im, 1)
cv.imshow('lena_flip.jpg', im_flip)

# 以图像中心为旋转点旋转图像
h, w = im.shape[:2]
M = cv.getRotationMatrix2D((w/2, h/2), 45, 1)
im_rt = cv.warpAffine(im, M, (w, h))
cv.imshow('lena_rt.jpg', im_rt)

# 沿 x 轴负方向移动 100 个像素点
x = -100
y = 0
M = np.float32([[1, 0, x],[0, 1, y]])
im_trans = cv.warpAffine(im, M, (w, h))
cv.imshow('lena_trans.jpg', im_trans)

cv.waitKey()
cv.destroyAllWindows()


if __name__ == '__main__':
    main()
```

下面继续介绍仿射变换。

# 2.3  仿射变换

图像的仿射变换是将图像进行一系列的线性变换（如缩放、旋转、错切等）和平移变换得到新图像的操作。新的图像保留了原始图像点间的共线性、线间的平行性、线段间的长度比等性质。图 2-11 中有一些网格线、1 个三角形和 3 个点，对其进行仿射变换后得到图 2-12 所示的图像。可以看到，在图 2-11 中平行的网格线在图 2-12 中仍然保持平行，图 2-11 中在网格线上共线的 2 个点在图 2-12 中保持共线，经过实际计算可以知道图 2-12 中线段间的比例也与图 2-11 中的保持一致。

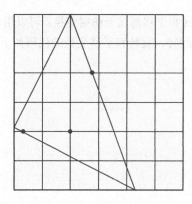

图 2-11  原始图像

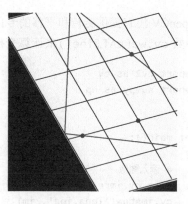

图 2-12  对图 2-11 进行仿射变换后的图像

同样地对图 2-2 进行仿射变换，可以得到图 2-13 所示的新图像。

图 2-13　对图 2-2 进行仿射变换后的新图像

缩放、翻转、旋转、错切、平移等仿射变换在数学上都可以用矩阵运算来表示，例如

缩放：$\begin{bmatrix} x' \\ y' \end{bmatrix} = \begin{bmatrix} s_x & 0 \\ 0 & s_y \end{bmatrix} \begin{bmatrix} x \\ y \end{bmatrix}$ 　　　式（2-4）

旋转：$\begin{bmatrix} x' \\ y' \end{bmatrix} = \begin{bmatrix} \cos\theta & \sin\theta \\ -\sin\theta & \cos\theta \end{bmatrix} \begin{bmatrix} x \\ y \end{bmatrix}$ 　　　式（2-5）

平移：$\begin{bmatrix} x' \\ y' \end{bmatrix} = \begin{bmatrix} x \\ y \end{bmatrix} + \begin{bmatrix} t_x \\ t_y \end{bmatrix}$ 　　　式（2-6）

可将这些单一的变换组合成复杂的仿射变换，表示为

$$\begin{bmatrix} x' \\ y' \end{bmatrix} = \begin{bmatrix} \cos\theta & \sin\theta \\ -\sin\theta & \cos\theta \end{bmatrix} \begin{bmatrix} s_x & 0 \\ 0 & s_y \end{bmatrix} \begin{bmatrix} x \\ y \end{bmatrix} + \begin{bmatrix} t_x \\ t_y \end{bmatrix} = \begin{bmatrix} \cos\theta \cdot s_x & \sin\theta \cdot s_y \\ -\sin\theta \cdot s_x & \cos\theta \cdot s_y \end{bmatrix} \begin{bmatrix} x \\ y \end{bmatrix} + \begin{bmatrix} t_x \\ t_y \end{bmatrix}$$ 　式（2-7）

可以将上面的等式用齐次坐标矩阵来表示，即

$$\begin{bmatrix} x' \\ y' \\ 1 \end{bmatrix} = \begin{bmatrix} \cos\theta \cdot s_x & \sin\theta \cdot s_y & t_x \\ -\sin\theta \cdot s_x & \cos\theta \cdot s_y & t_y \\ 0 & 0 & 1 \end{bmatrix} \begin{bmatrix} x \\ y \\ 1 \end{bmatrix} = \begin{bmatrix} M_{11} & M_{12} & M_{13} \\ M_{21} & M_{22} & M_{23} \\ 0 & 0 & 1 \end{bmatrix} \begin{bmatrix} x \\ y \\ 1 \end{bmatrix}$$ 　式（2-8）

OpenCV 提供了进行图像仿射变换的函数 cv.warpAffine()：

```
dst = cv.warpAffine(src, M, dsize[, flags[, borderMode[, borderValue]]])
```

其中的主要参数介绍如下。

● src：输入图像。

● M：从 src 变换到 dst 的 2×3 变换矩阵，即式（2-8）中的 $\begin{bmatrix} \cos\theta \cdot s_x & \sin\theta \cdot s_y & t_x \\ -\sin\theta \cdot s_x & \cos\theta \cdot s_y & t_y \end{bmatrix}$。

- dsize：输出图像的大小。
- flags：插值方法和可选标志 cv.WARP_INVERSE_MAP 的组合。cv.WARP_INVERSE_MAP 表示 $M$ 是从 dst 变换到 src 的变换矩阵。默认的插值方法为 cv.INTER_LINEAR。
- borderMode：像素的外插值方法，边界类型如表 2-2 所示。如果 borderMode= cv.BORDER_TRANSPARENT，那么 dst 中对应 src 中属于"outliers"的像素不会被函数改变。
- borderValue：常值边界情况下的边界像素值。默认值为 0。
- dst：输出图像，$dst(x, y) = src(M_{11}x + M_{12}y + M_{13}, M_{21}x + M_{22}y + M_{23})$。其数据类型与输入图像相同。

前面提到 OpenCV 没有提供专门的旋转和平移函数，我们可以用 cv.warpAffine() 来计算旋转和平移后的结果。

对于旋转

$$M = \begin{bmatrix} \cos\theta & \sin\theta & 0 \\ -\sin\theta & \cos\theta & 0 \end{bmatrix} \tag{式 2-9}$$

对于平移

$$M = \begin{bmatrix} 1 & 0 & t_x \\ 0 & 1 & t_y \end{bmatrix} \tag{式 2-10}$$

其实求缩放的函数 cv.resize() 也可以用 cv.warpAffine 来实现，这时

$$M = \begin{bmatrix} s_x & 0 & 0 \\ 0 & s_y & 0 \end{bmatrix} \tag{式 2-11}$$

OpenCV 提供的几种边界类型（"|"代表图像边界）如表 2-2 所示。

表 2-2　边界类型

| 边界类型 | 说明 |
| --- | --- |
| cv.BORDER_CONSTANT | iiiiii\|abcdefgh\|iiiiiii（i 为指定值） |
| cv.BORDER_REPLICATE | aaaaaa\|abcdefgh\|hhhhhhh |
| cv.BORDER_REFLECT | fedcba\|abcdefgh\|hgfedcb |
| cv.BORDER_WRAP | cdefgh\|abcdefgh\|abcdefg |
| cv.BORDER_REFLECT_101 | gfedcb\|abcdefgh\|gfedcba |
| cv.BORDER_TRANSPARENT | uvwxyz\|abcdefgh\|ijklmno |
| cv.BORDER_REFLECT101 | 与 cv.BORDER_REFLECT_101 相同 |
| cv.BORDER_DEFAULT | 与 cv.BORDER_REFLECT_101 相同（默认类型） |
| cv.BORDER_ISOLATED | 不考虑 ROI（Region Of Interest，感兴趣区域）外部区域 |

对于一个复杂的仿射变换，可以将其分解为多个简单的单一变换，然后依次完成这些单一变换得到最终结果。例如，将一幅图像等比例放大 1.2 倍、以图像原点为旋转中心顺时针旋转 15°、沿 $x$ 轴负方向移动 30 个像素点的操作可以用下面的代码实现。

```
import cv2 as cv
```

```python
import numpy as np

# 等比例放大 1.2 倍
sMat = np.float32([[1.2, 0.0],
                   [0.0, 1.2]])

# 以图像原点为旋转中心顺时针旋转 15°
angle = -15.0 * np.pi / 180.0
cosTheta = np.cos(angle)
sinTheta = np.sin(angle)
rMat = np.float32([[cosTheta,  sinTheta],
                   [-sinTheta, cosTheta]])

# 沿 x 轴负方向移动 30 个像素点
tVec = np.float32([[-30],
                   [ 0 ]])

# 先放大，再旋转
srMat = rMat @ sMat
# 最后的变换矩阵
warpMat = np.append(srMat, tVec, 1)
# print(warpMat)

# 计算原始图像中的 4 个点在变换后的图像中的坐标
outPts = srMat @ np.float32([[75, 75],[75, 130],[130, 75]]).T + tVec
print(outPts)

# 进行仿射变换
im = cv.imread('lena.jpg')
dsize = im.shape[0:2]
im_affine = cv.warpAffine(im, warpMat, dsize)

# 显示变换结果
cv.imshow('affine transform', im_affine)
cv.waitKey()
```

对图 2-2 进行仿射变换后得到的新图像如图 2-14 所示。

图 2-14　对图 2-2 进行仿射变换后得到的新图像

可以看到上面的过程比较烦琐，更高效的方法是用变换矩阵 $M$，然后调用函数 cv.warpAffine()一步得到结果。OpenCV 提供了计算 $M$ 的函数 cv.getAffineTransform()：

```
retval = cv.getAffineTransform(src, dst)
```

其中的主要参数介绍如下。
- src：原始图像中三角形网格的坐标。
- dst：输出图像中对应的三角形网格的坐标。
- retval：变换矩阵。

cv.getAffineTransform()是根据原始图像和输出图像中的 3 对对应点来计算仿射变换矩阵的。还是使用上面的例子，对于原始图像中的 3 个点(75, 75)、(75, 130)、(130, 75)，若知道经过仿射变换后在输出图像中的对应坐标为(34, 110)、(17, 174)、(97, 127)，就可以根据这 3 对对应点用函数 cv.getAffineTransform()计算出变换矩阵，然后用函数 cv.warpAffine()计算仿射变换后的图像。实现代码如下：

```
import cv2 as cv
import numpy as np

# 原始图像中的3个点的坐标
spt = np.float32([[75, 75],[75, 130],[130, 75]])
# 输出图像中对应的坐标
dpt = np.float32([[34, 110],[17, 174],[97, 127]])

# 计算变换矩阵
estMat = cv.getAffineTransform(spt, dpt)
# print(estMat)

# 进行仿射变换
im = cv.imread('lena.jpg')
dsize = im.shape[0:2]
im_affine3 = cv.warpAffine(im, estMat,
            dsize)

# 显示变换结果
cv.imshow('affine transform3', im_affine3)
cv.waitKey()
```

用 3 对对应点计算出变换矩阵 $M$，然后调用 cv.warpAffine()对图 2-2 进行仿射变换后得到的图像如图 2-15 所示。

另外，如果仿射变换只涉及缩放和旋转，OpenCV 还提供了专门的函数 cv.getRotationMatrix2D()计算此变换矩阵。

图 2-15　用计算出的变换矩阵对图 2-2 进行仿射变换后得到的图像

```
retval = cv.getRotationMatrix2D(center, angle, scale)
```

其中的主要参数介绍如下。
- center：旋转中心坐标。

- angle：旋转角度。正数表示逆时针旋转（因为图像坐标系是左手坐标系）。
- scale：均匀缩放因子。
- retval：变换矩阵。

我们来看一个以图像中心为旋转中心、逆时针旋转 45° 的例子，可以用两种方法计算变换矩阵。

（1）用 cv.getRotationMatrix2D() 计算。

```python
import cv2 as cv
import numpy as np

im = cv.imread('lena.jpg')

# 旋转中心
centerX = im.shape[1] / 2
centerY = im.shape[0] / 2
center = (centerX, centerY)

# 旋转角度
angle = 45

# 缩放比例
scale = 1.0

rMat = cv.getRotationMatrix2D(center, angle, scale)

im_rot = cv.warpAffine(im, rMat, im.shape[0:2])
cv.imshow('rotation', im_rot)
cv.waitKey()
```

使用上述代码将图 2-2 旋转后的图像如图 2-16 所示。

图 2-16 将图 2-2 旋转后的图像

（2）直接构造变换矩阵。

```
import cv2 as cv
import numpy as np

im = cv.imread('lena.jpg')

#   构造变换矩阵
angle = 45 * np.pi / 180.0
cosTheta = np.cos(angle)
sinTheta = np.sin(angle)

#   旋转中心
centerX = im.shape[1] / 2
centerY = im.shape[0] / 2

tx = (1-cosTheta) * centerX - sinTheta * centerY
ty =  sinTheta * centerX  + (1-cosTheta) * centerY

#   以特定点为旋转中心的旋转变换矩阵
rMat = np.float32([[cosTheta,  sinTheta, tx],
                   [-sinTheta, cosTheta, ty]])

#   计算变换后的图像
im_rot = cv.warpAffine(im, rMat, im.shape[0:2])
cv.imshow('rotate', im_rot)
cv.waitKey()
```

使用上面的代码将图2-2旋转后的图像如图2-17所示。

图2-17　将图2-2旋转后的图像

## 2.4 单应性变换

在计算机视觉领域，同一平面在空间中的两幅不同图像可以通过单应性变换建立联系。图 2-18 展示了两个不同视角的图书封面（平面）图像，假设图 2-18（a）中图书封面上的任一像素点 $A$ 坐标为$(x, y)$，该点在图 2-18（b）中的对应点 $A'$ 的坐标为$(x', y')$，那么这两点存在式（2-12）所表示的关系。

$$\begin{bmatrix} x' \\ y' \\ 1 \end{bmatrix} = H \begin{bmatrix} x \\ y \\ 1 \end{bmatrix}$$ 式（2-12）

其中 $H$ 是一个 $3 \times 3$ 的矩阵，为单应性变换矩阵，我们将其写成：

$$H = \begin{bmatrix} h_{11} & h_{12} & h_{13} \\ h_{21} & h_{22} & h_{23} \\ h_{31} & h_{32} & h_{33} \end{bmatrix}$$ 式（2-13）

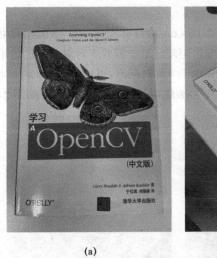

(a)                  (b)

图 2-18 两个不同视角的图书封面（平面）图像

前文介绍了仿射变换，图像经过仿射变换后，保留了原始图像中点间的共线性、线间的平行性、线段间的长度比等性质；而单应性变换后仅原始图像中共线的点保持了共线性。单应性变换广泛用于图像校正、全景拼接、图像配准、机器人导航、增强现实等计算机视觉应用领域。

对于图 2-18 中的两幅图像，如何计算它们之间的单应性变换矩阵呢？OpenCV 提供了计算单应性变换矩阵的函数 cv.findHomography()：

```
retval, mask = cv.findHomography(srcPoints, dstPoints[, method[,
        ransacReprojThreshold[, mask[, maxIters[, confidence]]]]])
```

其中的主要参数介绍如下。

- srcPoints：原始图像平面内点的坐标，数据类型为cv.CV_32FC2 或者 vector<Point2f>。
- dstPoints：目标图像平面内与 srcPoints 对应的点的坐标，数据类型为 cv.CV_32FC2

或者 vector<Point2f>。

- **method**：计算单应性变换矩阵使用的方法。取值为 0，表示最小二乘法，使用 srcPoints 和 dstPoints 所有的点对；取值为 cv.RANSAC，表示随机抽样一致性方法；取值为 cv.LMEDS，表示最小中位数平方法；取值为 cv.RHO，表示渐进样本一致性方法。默认值为 0。

- **ransacReprojThreshold**：判断一对点为正常数据的重投影最大误差（仅当 method 为 cv.RANSAC 或 cv.RHO 时使用），即如果

  $$\|\text{dstPoints}_i - \text{convertPointsHomogeneous}(H \cdot \text{srcPoints}_i)\|_2 > \text{ransacReprojThreshold}$$

  那么点 $i$ 则为异常点。如果 srcPoints 和 dstPoints 的坐标单位是像素，此参数的值常设置为 1 到 10 之间的某个值。默认值为 3。

- **mask**：由 cv.RANSAC 或 cv.LMEDS 方法设置的掩码（mask），它是一个可选参数。输入的掩码将被忽略。默认值为空。

- **maxIters**：cv.RANSAC 方法的迭代最大次数，默认值为 2000。

- **confidence**：置信度水平，取值范围为 0 到 1，默认值为 0.995。

- **retval**：计算得到的单应性变换矩阵。当使用 srcPoints 和 dstPoints 无法估计单应性变换矩阵时，此返回值为空。

假设图 2-18（a）为原始图像 src，图 2-18（b）为目标图像 dst，下面我们用该函数估计单应性变换矩阵 **H**，即 dst=**H**·src。估计仿射变换矩阵，至少需要 3 对对应点；而计算单应性变换矩阵，则至少需要 4 对对应点。假设我们已知图中的 4 对对应点：$A(172,884)$ 和 $A'(454,388)$、$B(664,522)$ 和 $B'(832,468)$、$C(986,1060)$ 和 $C'(728,788)$、$D(802,1442)$ 和 $D'(446,842)$，如图 2-19 所示。

图 2-19　两幅图像中的 4 个对应点对

用下面的这段代码就可以估计出单应性变换矩阵 **H**：

```
# 对应点对坐标
src_points = np.array([[172, 884], [664, 522], [986, 1060], [802, 1442]])
dst_points = np.array([[454, 388], [832, 468], [728, 788], [446, 842]])

# 估计单应性变换矩阵
H, _ = cv.findHomography(src_points, dst_points)
```

从直观上验证计算得到的变换矩阵是否正确，可以用 **H** 对原始图像进行单应性变换得到新的图像，对照观察新图像与目标图像是否一致。实现代码如下，结果如图 2-20 所示。图 2-20（a）为原始图像，图 2-20（b）为目标图像，图 2-20（c）为用对应的单应性变换矩阵对图 2-20（a）进行变换后得到的图像，这个变换矩阵就是由上面的代码计算得到的 **H**。从视觉上来看，对图 2-20（a）进行单应性变换后得到了跟图 2-20（b）一致的图像。

```python
# 对 im_dst 应用单应性变换矩阵，对比 im_src 观察变换后的图像
h, w, _ = im_dst.shape
im_dst_h = cv.warpPerspective(im_src, H, (w, h))

# 显示图像
cv.imshow('src image', im_src)
cv.imshow('dst image', im_dst)
cv.imshow('dst image transformed', im_dst_h)
cv.waitKey()
```

(a)　　　　　　　　　　　　(b)　　　　　　　　　　　　(c)

图 2-20　计算单应性变换

上面示例的完整代码请参考电子资源 02 中的 image_homography.py。

函数 `cv.findHomography()` 的参数有点多，这个示例除了 srcPoints 和 dstPoints 外，其他参数均使用了默认值。感兴趣的读者可以根据不同的应用场景，尝试设置其他参数来计算单应性变换矩阵。上面的代码对原始图像进行单应性变换时使用了函数 `cv.warpPerspective()`。单应性变换属于投影变换，它实现的是式（2-14）表示的变换：

$$dst(x,y) = src\left(\frac{M_{11}x + M_{12}y + M_{13}}{M_{31}x + M_{32}y + M_{33}}, \frac{M_{21}x + M_{22}y + M_{23}}{M_{31}x + M_{32}y + M_{33}}\right) \qquad 式（2-14）$$

其中 **M** 是投影变换矩阵，对应于单应性变换是式（2-13）中的 **H**。

回想一下前面介绍的仿射变换函数 `cv.warpAffine()`，它实现的是式（2-12）。

另外再说明一下，要估计单应性变换矩阵，关键需要知道两幅图像的对应点对。至于如何找出这些对应点对，我们将在本书的第 5 章进行介绍。

# 第 **3** 章

# 图像滤波

## 3.1 什么是图像滤波

图像滤波是一种非常重要的图像处理技术，图像平滑、边缘检测、边缘增强、去除噪声等都属于图像滤波。图像滤波是一种基于邻域的算法，也就是说滤波后新图像 $I'$ 中 $(x,y)$ 的值是由原始图像 $I$ 中 $(x,y)$ 的值及其周围的小邻域内的像素值"组合"计算得出的。决定这个小邻域和"组合"计算的就是滤波器（也称为卷积核）。计算过程可用式（3-1）表示：

$$I'(x,y) = \sum_i \sum_j I(x-i, y-j)k(i,j)$$

式（3-1）

其中，$I$ 和 $I'$ 分别代表原始图像和滤波后图像，$(x,y)$ 是图像像素的坐标，$i$ 和 $j$ 代表卷积核 $k$ 中的元素坐标。

式（3-1）表示的过程也称为**卷积**，卷积的计算过程如图 3-1 所示。

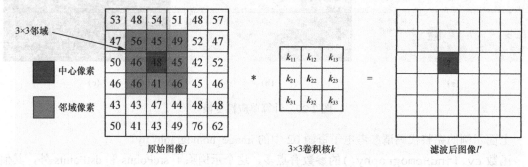

图 3-1 卷积的计算过程

图 3-1 使用了 3×3 大小的卷积核，粗体的 $k_{22}$ 表示原始图像 $I$ 中需要滤波的像素（中心像素）在卷积核 $k$ 中的位置，它们决定了卷积时原始图像中的哪些邻域像素将参与计算。原始图像 $I$ 中深灰色区域为需要进行滤波的像素，滤波后它的值由浅灰色的邻域像素值根据卷积核 $k$ 按照式（3-1）计算得到。

通过对图像滤波，可以实现图像平滑、边缘检测等。图像平滑也叫图像模糊，用于去除图像中的噪声、伪影等，它是图像处理和计算机视觉算法中的一个常见步骤。本章将对均值滤波、高斯滤波、中值滤波和双边滤波等几种常用的图像平滑方法进行介绍。利用图像滤波实现边缘检测将在第 4 章中进行介绍。

## 3.2 均值滤波

均值滤波是一种简单的图像平滑方法，输出图像的每一个像素值为其邻域内所有原始图像像素值的平均值，如图 3-2 所示。

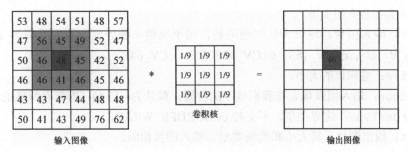

图 3-2 均值滤波

卷积核中每个元素的值为 $\dfrac{1}{\text{kwidth} \cdot \text{kheight}}$，kwidth 和 kheight 分别为卷积核的宽和高。下面来看不同大小的卷积核对图像平滑的影响。图 3-3 所示为带有噪声的图像。图 3-4 所示为对图 3-3 中的图像进行均值滤波的结果，其中图 3-4（a）和图 3-4（b）的卷积核大小分别为 3×3 和 5×5。

图 3-3 带有噪声的图像

(a)

(b)

图 3-4 对图 3-3 进行均值滤波的结果

容易看出，卷积核越大，滤波后的图像越模糊。另外，卷积核越大，卷积的计算速度越慢。所以在实际应用中要根据应用情况选取大小合适的卷积核。

OpenCV 提供了直接用于均值滤波的函数 cv.blur()：

```
dst = cv.blur(src, ksize[, anchor[, borderType]])
```

其中的主要参数介绍如下。

- src：输入图像。可以为任意通道数，每个通道单独处理。数据类型为 cv.CV_8U、cv.CV_16U、cv.CV_16S、cv.CV_32F 或者 cv.CV_64F。
- ksize：卷积核的大小。
- anchor：输入图像像素在卷积核中的位置。默认为(-1,-1)，即在卷积核的中心。
- borderType：边界类型。不支持 cv.BORDER_WRAP。
- dst：输出图像，其大小和数据类型与输入图像相同。

上面例子的实现代码如下：

```python
import cv2 as cv
import numpy as np


def main():
    # 读入图像
    im_poisson = cv.imread('lena_poisson.jpg')

    # 3×3 均值滤波
    im_average = cv.blur(im_poisson, (3, 3))

    cv.imshow('lena_poisson.jpg', im_poisson)
    cv.imshow('lena_average.jpg', im_average)

    cv.waitKey()
    cv.destroyAllWindows()


if __name__ == '__main__':
    main()
```

cv.blur()函数中有一个边界类型的参数 borderType。在进行滤波操作的时候，处于原始图像边界的像素在进行卷积计算时，有部分邻域位于图像外部，如图 3-5 所示。

输入图像　　　用cv.BORDER_DEFAULT扩展原始图像　　　输出图像

图 3-5　滤波操作的边界处理

对像素 53 进行滤波，会有一部分计算所需的邻域处于图像外部，这时就需要扩展原始图像以生成这部分邻域，设置这部分的值就需要用到边界类型参数 borderType。OpenCV 提供的卷积计算的边界类型和说明如表 3-1 所示。

表 3-1 卷积计算的边界类型和说明

| 边界类型 | 说明 |
| --- | --- |
| cv.BORDER_CONSTANT | iiiiii\|abcdefgh\|iiiiiii（i 为用户指定值） |
| cv.BORDER_REPLICATE | aaaaaa\|abcdefgh\|hhhhhhh |
| cv.BORDER_REFLECT | fedcba\|abcdefgh\|hgfedcb |
| cv.BORDER_WRAP | cdefgh\|abcdefgh\|abcdefg |
| cv.BORDER_REFLECT_101 | gfedcb\|abcdefgh\|gfedcba |
| cv.BORDER_TRANSPARENT | uvwxyz\|abcdefgh\|ijklmno |
| cv.BORDER_REFLECT101 | 与 cv.BORDER_REFLECT_101 相同 |
| cv.BORDER_DEFAULT | 与 cv.BORDER_REFLECT_101 相同（默认类型） |
| cv.BORDER_ISOLATED | 不考虑 ROI 外部区域 |

指定 borderType 后，OpenCV 根据边界类型设置部分图像以外像素的值参与卷积计算。默认的边界类型为 cv.BORDER_REFLECT_101（即 gfedcb\|abcdefgh\|gfedcba），因此图 3-5 所示的图像左上角位置像素值滤波后的值为 51。

OpenCV 中的另一个函数 cv.boxFilter() 也可以用来进行均值滤波：

```
dst = cv.boxFilter(src, ddepth, ksize[, anchor[, normalize[, borderType]]])
```

其中的主要参数介绍如下。

- src：输入图像。
- ddepth：输出图像的深度（若为-1 则使用 src.depth()）。
- ksize：卷积核的大小。
- anchor：输入图像像素在卷积核中的位置。默认为(-1,-1)，即在卷积核的中心。
- normalize：是否进行归一化，默认值为 true。
- borderType：边界类型。不支持 cv.BORDER_WRAP。
- dst：输出图像，其大小与输入图像相同。

cv.boxFilter() 使用了式（3-2）的卷积核来平滑图像。

$$K = \alpha \begin{bmatrix} 1 & 1 & 1 & \cdots & 1 & 1 \\ 1 & 1 & 1 & \cdots & 1 & 1 \\ \cdots & & & & & \\ 1 & 1 & 1 & \cdots & 1 & 1 \end{bmatrix}$$

式（3-2）

其中

$$\alpha = \begin{cases} \dfrac{1}{\text{ksize.width} \times \text{ksize.height}}, & \text{normalize} = \text{true} \\ 1, & \text{其他} \end{cases}$$

可以看出，当参数 normalize 为 true 时，cv.boxFilter() 的卷积核与 cv.blur() 的卷积核相同，所以此时 cv.boxFilter() 进行的是均值滤波。如果 normalize 为 false，即 cv.boxFilter() 的卷积核没有进行归一化，这对计算每个像素邻域的积分特征比较有用，例如稠密光流算法中的图像导数的协方差矩阵。

# 3.3 高斯滤波

高斯滤波是图像平滑或图像去噪的常用方法。在前面介绍的均值滤波中，卷积核的每个元素值是相同的，这意味着在进行滤波时中心元素邻域的所有像素值对滤波具有相同的贡献。高斯滤波的卷积核由高斯函数生成，如式（3-3）所示。

一维高斯函数：$g(x) = \dfrac{1}{\sqrt{2\pi}\sigma} e^{-x^2/(2\sigma^2)}$

二维高斯函数：$g(x, y) = \dfrac{1}{2\pi\sigma^2} e^{-(x^2+y^2)/(2\sigma^2)}$

式（3-3）

其中，$\sigma$ 是均方差，表示数据的离散程度。

图 3-6 展示了一个 $\sigma=1$、大小为 5×5 的高斯卷积核（也称高斯核）。高斯卷积核中心位置的元素值最大，离中心越远，元素的值越小，也就是说在进行滤波时邻域中越靠近中心的像素对最后的结果贡献越大。

OpenCV 提供了用于高斯滤波的函数 cv.GaussianBlur()：

$\dfrac{1}{337}$

| 1 | 4 | 7 | 4 | 1 |
|---|---|---|---|---|
| 4 | 20 | 33 | 20 | 4 |
| 7 | 33 | 55 | 33 | 7 |
| 4 | 20 | 33 | 20 | 4 |
| 1 | 4 | 7 | 4 | 1 |

图 3-6   $\sigma=1$、大小为 5×5 的高斯卷积核

```
dst = cv.GaussianBlur(src, ksize, sigmaX[, sigmaY[, borderType]])
```

其中的主要参数介绍如下。

● src：输入图像。可以为任意通道数，每个通道单独处理。数据类型为 cv.CV_8U、cv.CV_16U、cv.CV_16S、cv.CV_32F 或者 cv.CV_64F。
● ksize：高斯卷积核的大小。ksize.width 和 ksize.height 可以不同，但必须为正奇数。如果设置为 0，则 ksize.width 和 ksize.height 将根据 sigma 计算得出。
● sigmaX：高斯卷积核在 $x$ 轴方向的均方差。
● sigmaY：高斯卷积核在 $y$ 轴方向的均方差。默认为 0，即设置为 sigmaX。如果 sigmaX 和 sigmaY 都为 0，则分别由 ksize.width 和 ksize.height 计算得到，即 sigma=0.3×((ksize−1)×0.5−1)+0.8。建议显式地设定 ksize、sigmaX 和 sigmaY 的值。
● borderType：边界类型。不支持 cv.BORDER_WRAP。
● dst：输出图像，其大小和数据类型与输入图像相同。

图 3-7 所示为使用由不同参数产生的高斯卷积核对图 3-3 进行高斯平滑的结果。图 3-7（a）～图 3-7（c）的高斯卷积核分别为 ksize=(3,3)、$\sigma_x=\sigma_y=0.8$，ksize=(5,5)、$\sigma_x=\sigma_y=0.8$，以及 ksize=(3,3)、$\sigma_x=\sigma_y=2$。可以看出，对于相同的 $\sigma$，高斯卷积核越大，平滑后的图像越模糊，这是因为更大邻域内更多的像素值参与加权平均计算滤波后像素的值，而且一般距离越远，像素值的差距越明显。对于相同的高斯卷积核大小，$\sigma$ 越大，平滑后的图像越模糊，这是因为 $\sigma$ 越大，高斯卷积核元素

的值越分散，权重差别越小，也就是说和 $\sigma$ 小的高斯卷积核相比，距离中心元素较远的邻域的元素值对滤波后的结果贡献会增加。图 3-8（a）所示为 $\sigma=1$、大小为 5×5 的高斯卷积核，图 3-8（b）所示为 $\sigma=3$、大小为 5×5 的高斯卷积核。

(a)　　　　　　　　(b)　　　　　　　　(c)

图 3-7　对图 3-3 进行高斯平滑的结果

| 0.0584983 | 0.0851895 | 0.09653235 | 0.0851895 | 0.05854983 |
|---|---|---|---|---|
| 0.0851895 | 0.12394999 | 0.14045374 | 0.12394999 | 0.0851895 |
| 0.09653235 | 0.14045374 | 0.15915494 | 0.14045374 | 0.09653235 |
| 0.0851895 | 0.12394999 | 0.14045374 | 0.12394999 | 0.0851895 |
| 0.05854983 | 0.0851895 | 0.09653235 | 0.0851895 | 0.05854983 |

(a)

| 0.01582423 | 0.01649751 | 0.01672824 | 0.01649751 | 0.01582423 |
|---|---|---|---|---|
| 0.01649751 | 0.01719942 | 0.01743997 | 0.01719942 | 0.001649751 |
| 0.01672824 | 0.01743997 | 0.01768388 | 0.01743997 | 0.01672824 |
| 0.01649751 | 0.01719942 | 0.01743997 | 0.01719942 | 0.01649751 |
| 0.01582423 | 0.01649751 | 0.01672824 | 0.01649751 | 0.01582423 |

(b)

图 3-8　高斯卷积核

对于相同大小的卷积核，高斯滤波比均值滤波给图像带来的模糊效果小。图 3-9 所示是使用 5×5 的卷积核对图像进行高斯滤波和均值滤波的结果。图 3-9（a）为高斯滤波，图 3-9（b）为均值滤波，可以明显看出均值滤波后图像的模糊程度更大。

(a)　　　　　　　　　　　　(b)

图 3-9　高斯滤波和均值滤波结果对比

对图像进行高斯滤波的参考代码如下：

```python
import cv2 as cv
import numpy as np


def main():

    im_poisson = cv.imread('lena_poisson.jpg')

    # 不同参数的高斯滤波
    im_gaussian3×3 = cv.GaussianBlur(im_poisson, (3, 3), 0, 0)
    im_gaussian5×5 = cv.GaussianBlur(im_poisson, (5, 5), 0, 0)
    im_gaussian3×3_2 = cv.GaussianBlur(im_poisson, (3, 3), 2, 2)

    cv.imshow('lena_poisson.jpg', im_poisson)
    cv.imshow('lena_gaussian3×3.jpg', im_gaussian3×3)
    cv.imshow('lena_gaussian5×5.jpg', im_gaussian5×5)
    cv.imshow('lena_gaussian3×3_2.jpg', im_gaussian3×3_2)

    cv.waitKey()
    cv.destroyAllWindows()


if __name__ == '__main__':
    main()
```

# 3.4 中值滤波

中值滤波是将每个像素值用邻域内所有像素值的中间值代替，如图 3-10 所示。不同于前面介绍的均值滤波和高斯滤波，中值滤波属于非线性滤波。

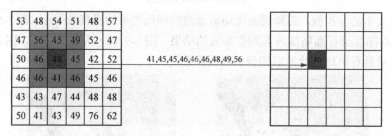

图 3-10　中值滤波

均值滤波对噪声很敏感，邻域内像素值中有一个异常值就会造成平均值的较大波动；而中值滤波是取这些像素值的中间值，可以避免异常值对结果的影响。图 3-11 是带有椒盐噪声的图像，图 3-12（a）～图 3-12（c）展示了中值滤波、均值滤波和高斯滤波对图 3-11 进行平滑的结果。代码如下：

```python
import cv2 as cv
import numpy as np
```

```python
def main():

    im_sp = cv.imread('lena_sp.jpg')

    # 3×3 均值滤波
    im_average = cv.blur(im_sp, (3, 3))

    # 高斯滤波
    im_gaussian = cv.GaussianBlur(im_sp, (3, 3), 0, 0)

    # 中值滤波
    im_median = cv.medianBlur(im_sp, 3)

    cv.imshow('lena_sp.jpg', im_sp)
    cv.imshow('lena_average.jpg', im_average)
    cv.imshow('lena_gaussian3×3.jpg', im_gaussian)
    cv.imshow('lena_median3×3.jpg', im_median)

    cv.waitKey()
    cv.destroyAllWindows()

if __name__ == '__main__':
    main()
```

图 3-11 带有椒盐噪声的图像

(a)

(b)

(c)

图 3-12 中值滤波、均值滤波和高斯滤波对图 3-10 进行平滑的结果

由于图 3-11 存在椒盐噪声，图像中会随机出现值很大或很小的像素点（噪声点）。用均值滤波或者高斯滤波均不能去除这些噪声点，而中值滤波则可以显著地平滑这些异常像素点，图 3-12 所示的滤波的结果正展示了这一点。

OpenCV 提供了直接用于中值滤波的函数 cv.medianBlur()：

```
dst = cv.medianBlur(src, ksize)
```

其中的主要参数介绍如下。

- src：输入图像，为 1 通道、3 通道或 4 通道图像。当邻域为 3×3 或 5×5 时，图像深度可以为 cv.CV_8U、cv.CV_16U 或 cv.CV_32F；当邻域更大时，图像深度只能为 cv.CV_8U。
- ksize：卷积核的大小，需为大于 1 的奇数。
- dst：输出图像，其大小和数据类型与输入图像相同。

## 3.5  双边滤波

均值滤波和高斯滤波都是用邻域内像素值的加权平均值来代替中心元素的像素值，从而去除噪声，也就是说它们都假设像素值在图像中随空间变化而缓慢发生变化。但图像的边缘是突变的，它不具有随空间变化而缓慢发生变化的性质，因此这样的滤波方式就会造成边缘的模糊。本节要介绍的非线性滤波——双边滤波则可以在去除噪声的同时，较好地保留图像的边缘。双边滤波的卷积核可以用下面的式（3-4）表示：

$$k(x, y, i, j) = k_\mathrm{d}(x, y, i, j) k_\mathrm{r}(x, y, i, j)$$

$$= \mathrm{e}^{-\frac{(x-i)^2 + (y-j)^2}{2\sigma_\mathrm{d}^2} - \frac{\|I(x,y) - I(i,j)\|^2}{2\sigma_\mathrm{r}^2}}$$  式（3-4）

从式（3-4）可以知道，双边滤波的卷积核综合考虑了像素间的空间距离和像素值的相似度。$k_\mathrm{d}$ 是空间域核，它可以为 $\mathrm{e}^{-\frac{(x-i)^2 + (y-j)^2}{2\sigma_\mathrm{d}^2}}$；$k_\mathrm{r}$ 是值域核，它可以为 $\mathrm{e}^{-\frac{\|I(x,y) - I(i,j)\|^2}{2\sigma_\mathrm{r}^2}}$，其中 $I(x, y)$ 和 $I(i, j)$ 分别是中心像素$(x, y)$和邻域像素$(i, j)$的灰度值。当邻域像素$(i, j)$与被平滑的中心像素$(x, y)$距离越近、$I(i, j)$和 $I(x, y)$越接近，卷积核元素 $k(x, y, i, j)$的值才会越大，也就是这个对应的邻域像素值的贡献越大。$\sigma_\mathrm{d}$ 和 $\sigma_\mathrm{r}$ 分别为空域卷积核 $k_\mathrm{d}$ 和值域卷积核 $k_\mathrm{r}$ 的方差，方差越大，产生的卷积核元素权重的差别就越小，减小 $\sigma_\mathrm{r}$ 可以突出边缘。

OpenCV 提供了用于双边滤波的函数 cv.bilateralBlur()：

```
dst = cv.bilateralBlur(src, d, sigmaColor, sigmaSpace[, borderType])
```

其中的主要参数介绍如下。

- src：输入图像，可以是 8 位整型或浮点数的单通道或 3 通道图像。
- d：滤波时图像点的邻域直径，如果 d 为非正值，则由 sigmaSpace 计算得出。d 的大小将明显影响函数的速度。
- sigmaColor：颜色空间滤波器的 sigma 值。该参数值越大，像素邻域内颜色差距更大的像素会相互影响，将产生更大的半相等颜色区域。
- sigmaSpace：坐标空间中滤波器的 sigma 值。该参数值越大，颜色接近但距离更远的像素会相互影响。当 d>0 时，d 指定了邻域大小且与 sigmaSpace 无关，否则 d 与 sigmaSpace 成正比。

● borderType：边界类型。不支持 cv.BORDER_WRAP。

● dst：输出图像，其大小和数据类型与输入图像相同。

图 3-13（a）和图 3-13（b）是使用大小为 5×5 的卷积核对图 3-3 分别进行高斯滤波和双边滤波的结果。双边滤波的结果看上去像一幅水彩画，和高斯滤波的结果相比，它明显较好地保留了图像边缘信息。

(a)

(b)

图 3-13　对图 3-3 进行高斯滤波和双边滤波的结果

代码如下：

```
import cv2 as cv
import numpy as np


def main():

    im_poisson = cv.imread('lena_poisson.jpg')

    # 高斯滤波
    im_gaussian = cv.GaussianBlur(im_poisson, (3, 3), 0, 0)

    # 双边滤波
    im_bilateral = cv.bilateralFilter(im_poisson, 3, 80, 80)

    cv.imshow('lena_poisson.jpg', im_poisson)
    cv.imshow('lena_gaussian.jpg', im_gaussian)
    cv.imshow('lena_bilateral.jpg', im_bilateral)
    cv.waitKey()
    cv.destroyAllWindows()
```

```
if __name__ == '__main__':
    main()
```

## 3.6　自定义滤波

　　使用前面几节介绍的 OpenCV 滤波函数时，用户无须关心卷积核的计算，因为函数内部实现了卷积核元素值的计算。OpenCV 还提供了一个自由度更大的滤波函数 cv.filter2D()，该函数允许用户用自己定义的卷积核进行滤波。

```
dst = cv.filter2D(src, ddepth, kernel[, anchor[, delta[, borderType]]])
```

　　其中的主要参数介绍如下。
- src：输入图像。
- ddepth：输出图像深度，它与输入图像深度有几种匹配组合。
- kernel：卷积核（或互相关核），是单通道浮点数矩阵。如果想对不同的通道使用不同的卷积核，则需要先使用函数 cv.split() 将图像各通道分开，然后对每个通道分别进行处理。
- anchor：输入图像像素在卷积核中的位置。默认为(-1,-1)，即在核的中心。
- delta：卷积计算后加上的值，可选。
- borderType：边界类型。不支持 cv.BORDER_WRAP。
- dst：输出图像，其大小和通道数与输入图像相同。

　　参数 kernel 就是用户定义的卷积核。调用 cv.filter2D() 函数前，用户需要根据自己的应用设置好卷积核，然后输入函数中，就可实现自定义的滤波。参数 ddepth 与前面介绍的一致，指定了输出图像深度。输出图像深度与输入图像深度的几种匹配组合如表 3-2 所示。

表 3-2　输出图像深度与输入图像深度的几种匹配组合

| 输入图像深度 | 输出图像深度 |
| --- | --- |
| cv.CV_8U | -1/cv.CV_16S/cv.CV_32F/cv.CV_64F |
| cv.CV_16U/cv.CV_16S | -1/cv.CV_32F/cv.CV_64F |
| cv.CV_32F | -1/cv.CV_32F |
| cv.CV_64F | -1/cv.CV_64F |

　　如果参数 ddepth=-1，那么输出图像深度与输入图像深度相同。另外，若需要输出图像的数据类型是双精度浮点数，而输入图像是单精度浮点数，也就是 cv.CV_32F/cv.CV_64F 组合，则可以先将输入图像的数据类型转换为双精度浮点数再进行滤波。

# 第**4**章

# 边缘检测

图像的边缘简单来说就是图像中灰度不连续的地方。图 4-1 中的白色线条就是本书前文中多次出现的 Lena 图像的边缘，观察这些线条在原始图像中的对应位置可以发现，这些位置上的像素灰度值都发生了突变。如何获取一幅图像的边缘呢？即如何对图像进行边缘检测呢？第 3 章介绍了图像滤波，边缘检测就可以通过设置滤波器对图像进行滤波来完成。

图 4-1    Lena 图像的边缘

## 4.1    图像梯度

在介绍如何进行边缘检测之前，我们需要先了解一个与边缘检测密切相关的概念——图像梯度。

图像梯度是指图像像素灰度值（简称图像灰度）在某个方向上的变化，我们借助图 4-2 来理解图像梯度。

图 4-2 中有 $A$、$B$、$C$、$D$ 这 4 个点。$A$ 点及其周围区域有相同的颜色，即没有灰度值的变化，称 $A$ 点的梯度为 0。在 $B$ 点，图像灰度从 $B$ 点上方到 $B$ 点下方发生了突变，称 $B$ 点在 $y$ 轴方向有正的梯度。在 $C$ 点，图像灰度从右向左发生了突变，称 $C$ 点在 $x$ 轴方向有负的梯度。与 $B$ 点和 $C$ 点不同，$D$ 点周

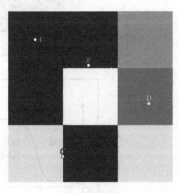

图 4-2    图像梯度

围区域图像灰度值在发生缓慢的变化，这时 $D$ 点在 $x$ 轴方向和 $y$ 轴方向都有非 0 梯度。

在数学上，图像梯度用式（4-1）来表示：

$$\nabla I = \begin{bmatrix} I_x \\ I_y \end{bmatrix} = \begin{bmatrix} \dfrac{\partial I}{\partial x} \\ \dfrac{\partial I}{\partial y} \end{bmatrix}$$ 式（4-1）

其中 $\dfrac{\partial I}{\partial x}$ 和 $\dfrac{\partial I}{\partial y}$ 分别是 $x$ 轴和 $y$ 轴方向上的图像梯度。

那么，梯度幅值和梯度方向分别为

幅值：$$G = \sqrt{I_x^2 + I_y^2}$$ 式（4-2）

方向：$$\theta = \arctan \dfrac{I_y}{I_x}$$ 式（4-3）

为了简化计算，梯度幅值有时会通过取绝对值来近似，即

$$G = |I_x| + |I_y|$$ 式（4-4）

所以图像梯度是图像的一阶导数，我们在实际计算的时候可以用差分来近似。

图像中的边缘是图像灰度发生剧烈变化的地方，即灰度不连续区域，如图 4-2 的 $B$ 点和 $C$ 点。这种不连续性可以使用一阶导数和二阶导数来检测。

观察图 4-3，放大图 4-3（a）中圆圈部分的图像并只考虑 $x$ 轴方向的灰度值，如图 4-3（b）所示。图 4-3（d）是图 4-3（c）中灰度值曲线的一阶导数，图 4-3（e）是其二阶导数。我们看到，一阶导数值的绝对值在边缘处最大，而二阶导数通过确定零交叉的位置便可定位边缘。

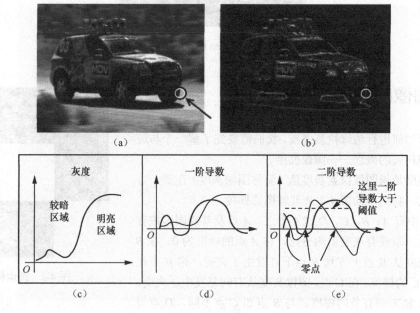

图 4-3　灰度与一阶导数、二阶导数

第 3 章我们介绍了用卷积来进行图像平滑。通过改变卷积核，也可以用卷积来计算图像导数。下面介绍几种常用的计算图像导数的算子。

# 4.2 边缘检测算子

## 4.2.1 一阶微分算子

### 1. Prewitt 算子

Prewitt 算子分别用一个 3×3 列之间的差分和行之间的差分来计算梯度，即用两个 3×3 的卷积核分别对图像进行卷积，计算 $x$ 轴和 $y$ 轴方向的梯度，如式（4-5）所示。

$$G_x = \begin{bmatrix} -1 & 0 & 1 \\ -1 & 0 & 1 \\ -1 & 0 & 1 \end{bmatrix} * I, G_y = \begin{bmatrix} -1 & -1 & -1 \\ 0 & 0 & 0 \\ 1 & 1 & 1 \end{bmatrix} * I \qquad \text{式（4-5）}$$

其中，$I$ 是图像，$G_x$ 和 $G_y$ 分别是其 $x$ 轴和 $y$ 轴方向的梯度。

实际上，我们也可以使用 1×3 和 3×1 的卷积核来计算 $x$ 轴和 $y$ 轴方向的梯度，即[-1  0  1]

和 $\begin{bmatrix} -1 \\ 0 \\ 1 \end{bmatrix}$。但是，这样的方式使用的邻域像素很少，因此计算出来的梯度噪声很大，所以 Prewitt

算子用了较大的 3×3 邻域来计算梯度以降低噪声。

### 2. Sobel 算子

与 Prewitt 算子一样，Sobel 算子也分别使用一个 3×3 的卷积核来计算 $x$ 轴和 $y$ 轴方向的梯度，如式（4-6）所示。不同的是，Sobel 算子的每行和每列的中心元素使用 2 来进行加权，这样在计算梯度的同时提供了平滑的效果，可进一步减小噪声的影响。

$$G_x = \begin{bmatrix} -1 & 0 & 1 \\ -2 & 0 & 2 \\ -1 & 0 & 1 \end{bmatrix} * I, G_y = \begin{bmatrix} -1 & -2 & -1 \\ 0 & 0 & 0 \\ 1 & 2 & 1 \end{bmatrix} * I \qquad \text{式（4-6）}$$

其中，$I$ 是图像，$G_x$ 和 $G_y$ 分别是其 $x$ 轴和 $y$ 轴方向的梯度。

OpenCV 提供了用 Sobel 算子计算图像梯度的函数 cv.Sobel()：

```
dst = cv.Sobel(src, ddepth, dx, dy[, ksize[, scale[, delta[, borderType]]]])
```

其中的主要参数介绍如下。

- src：输入图像。
- ddepth：输出图像深度，它与输入图像深度有几种匹配组合。
- dx：$x$ 轴方向导数阶数。

- dy：$y$ 轴方向导数阶数。
- ksize：卷积核的大小，可以为 1、3、5 或者 7。
- scale：导数值的缩放因子。默认值为 1，即不缩放。
- delta：卷积计算后加上的值，可选。如果想将函数计算出的导数用 8 位图像显示，则 scale 和 delta 有用，这时 $dst_i = scale \cdot \sum_{i,j \in k} k_{i,j} \times I(x+i, y+j) + delta$。
- borderType：边界类型。不支持 cv.BORDER_WRAP。
- dst：输出图像，其大小和通道数与输入图像相同。

图 4-4　输入图像

OpenCV 提供的这个 cv.Sobel() 函数实际上可以用来计算一阶、二阶、三阶或者混合的图像导数。这里我们仅介绍如何用它来计算 $x$ 轴和 $y$ 轴方向的图像梯度。设置 dx=1, dy=0，cv.Sobel() 将计算 src 在 $x$ 轴方向的梯度值；设置 dx=0, dy=1，cv.Sobel() 则计算 src 在 $y$ 轴方向的梯度值。

输入图像如图 4-4 所示，用 cv.Sobel() 计算出的其 $x$ 轴方向和 $y$ 轴方向的梯度图如图 4-5 所示。图 4-5（a）为 $x$ 轴方向的梯度图，图 4-5（b）为 $y$ 轴方向的梯度图，图 4-5（c）为按照式（4-5）得到的图像的梯度图。

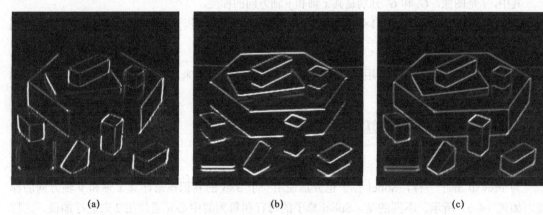

(a)　　　　　　　　　　　(b)　　　　　　　　　　　(c)

图 4-5　图 4-4 的图像梯度

这里说明一下参数 ddepth。它代表输入图像深度和输出图像深度的不同组合，如表 4-1 所示，我们在第 3 章中也介绍过。

表 4-1　输入图像深度和输出图像深度的不同组合

| 输入图像深度 | 输出图像深度 |
| --- | --- |
| cv.CV_8U | -1/cv.CV_16S/cv.CV_32F/cv.CV_64F |
| cv.CV_16U/cv.CV_16S | -1/cv.CV_32F/cv.CV_64F |
| cv.CV_32F | -1/cv.CV_32F |
| cv.CV_64F | -1/cv.CV_64F |

如果参数 ddepth=-1，则代表输出图像深度使用输入图像深度。需要注意，当输入图像的数据类型为 8 位无符号整型时，如果输出图像深度与输入图像深度相同，则可能会因为溢出

而产生错误的结果。图 4-4 的输入图像深度为 cv.CV_8U，若将输出图像深度分别设为 cv.CV_8U 和 cv.CV_16S，则得到图 4-6 所示的结果。图 4-6（a）和图 4-6（b）是将输出图像深度设置为 cv.CV_8U 时，图 4-4 在 x 轴方向和 y 轴方向的梯度图；图 4-6（c）和图 4-6（d）是将输出图像深度设置为 cv.CV_16S 时，图 4-4 在 x 轴方向和 y 轴方向的梯度图。因为梯度值有正负，所以图 4-6（a）和图 4-6（b）使用 cv.CV_8U 作为输出图像的数据类型，由于溢出而产生截断的导数值，产生了错误的结果。

另外，当参数 ksize=-1（FILTER_SCHARR）时，cv.Sobel() 实际上进行的是另一个边缘检测算子 Scharr 算子的计算。

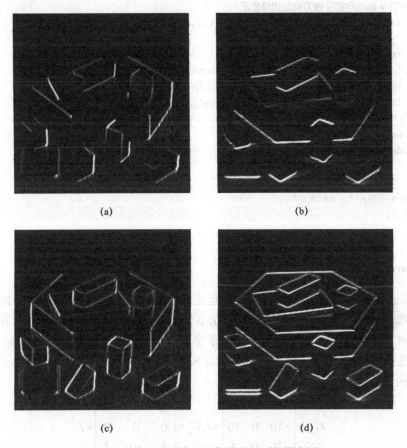

图 4-6　设置不同输出图像深度得到的梯度图

完整的 Sobel 边缘检测的代码如下：

```python
import cv2 as cv
import numpy as np


def main():

    # 读入图像
    im = cv.imread('blox.jpg')
    # 将图像转为灰度图像
```

```
    im_grey = cv.cvtColor(im, cv.COLOR_BGR2GRAY)

    # Sobel 边缘检测。注意输出图像的数据类型
    # x 轴方向梯度
    im_sobel_x = cv.Sobel(im_grey, cv.CV_16S, 1, 0, 3)
    # y 轴方向梯度
    im_sobel_y = cv.Sobel(im_grey, cv.CV_16S, 0, 1, 3)
    # 将图像转换为 8 位图像用于显示
    im_sobel_x = cv.convertScaleAbs(im_sobel_x)
    im_sobel_y = cv.convertScaleAbs(im_sobel_y)
    # 合并 x 轴方向和 y 轴方向的边缘显示
    im_sobel = cv.addWeighted(im_sobel_x, 0.5, im_sobel_y, 0.5, 0)

    cv.imshow('blox.jpg', im)
    cv.imshow('blox_sobel_x.jpg', im_sobel_x)
    cv.imshow('blox_sobel_y.jpg', im_sobel_y)
    cv.imshow('blox_sobel.jpg', im_sobel)

    cv.waitKey()
    cv.destroyAllWindows()


if __name__ == '__main__':
    main()
```

**3. Scharr 算子**

Sobel 算子虽然是常用的边缘检测算子，但是它有一个缺点：对于与 $x$ 轴方向或者 $y$ 轴方向不平行的边缘，在用 Sobel 算子得到的 $G_x$ 和 $G_y$ 计算梯度方向时会不准确，边缘的方向越不平行于 $x$ 轴或 $y$ 轴方向时，越不准确。这对一些基于梯度方向的算法会产生较大的影响，这时可以用 Scharr 算子进行边缘检测。Scharr 算子的速度与 Sobel 算子一样，但是比 Sobel 算子更精确。它的两个 3×3 的卷积核如式（4-7）所示。

$$G_x = \begin{bmatrix} -3 & 0 & 3 \\ -10 & 0 & 10 \\ -3 & 0 & 3 \end{bmatrix} * I, G_y = \begin{bmatrix} -3 & -10 & -3 \\ 0 & 0 & 0 \\ 3 & 10 & 3 \end{bmatrix} * I \qquad \text{式（4-7）}$$

其中，$I$ 是图像，$G_x$ 和 $G_y$ 分别是其 $x$ 轴和 $y$ 轴方向的梯度。

分别用 Sobel 算子和 Scharr 算子对图 4-4 进行边缘检测的结果如图 4-7 所示。图 4-7（a）是 Sobel 算子的结果，图 4-7（b）是 Scharr 算子的结果。从结果可以看出来，Scharr 算子能够检测到更多偏离 $x$ 轴和 $y$ 轴方向的边缘。

OpenCV 提供了专门的 Scharr 算子函数 cv.Scharr()：

```
dst = cv.Scharr(src, ddepth, dx, dy[, scale[, delta[, borderType]]])
```

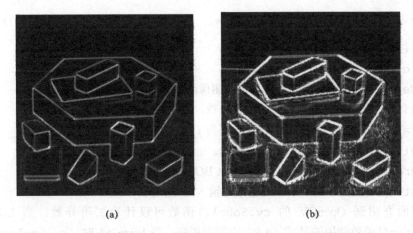

(a)                                        (b)

图 4-7    Sobel 算子和 Scharr 算子对图 4-4 进行边缘检测的结果

其中的主要参数介绍如下。

- src：输入图像。
- ddepth：输出图像深度，它与输入图像深度有几种匹配组合。
- dx：$x$ 轴方向导数阶数。
- dy：$y$ 轴方向导数阶数。
- scale：导数值的缩放因子。默认值为 1，即不缩放。
- delta：卷积计算后加上的值，可选。
- borderType：边界类型。不支持 cv. BORDER_WRAP。
- dst：输出图像，其大小和通道数与输入图像相同。

实际上，调用 cv.Scharr(src, ddepth, dx, dy, scale, delta, borderType)与调用 cv.Sobel(src, ddepth, dx, dy, cv.FILTER_SCHARR, scale, delta, borderType)是等同的。

## 4.2.2   二阶微分算子

在 4.1 节中提到，图像边缘的灰度不连续性可以用一阶导数或者二阶导数来检测。Laplacian（拉普拉斯）算子就基于二阶导数，其数学定义如下：

$$L(x,y) = \frac{\partial^2 I}{\partial x^2} + \frac{\partial^2 I}{\partial y^2} \qquad\qquad 式（4-8）$$

通过推导，我们可以用式（4-9）中的卷积来进行 Laplacian 滤波。

$$G = \begin{bmatrix} 0 & -1 & 0 \\ -1 & 4 & -1 \\ 0 & -1 & 0 \end{bmatrix} * I \qquad\qquad 式（4-9）$$

其中，$I$ 是图像，$G$ 是图像梯度。

Laplacian 算子对噪声非常敏感，在进行计算前需要对图像进行平滑。

OpenCV 也提供了 Laplacian 滤波的函数 cv.Laplacian()：

```
dst = cv.Laplacian(src, ddepth[, ksize[, scale[, delta[, borderType]]]])
```

其中的主要参数介绍如下。

- src：输入图像。
- ddepth：输出图像深度，它与输入图像深度有几种匹配组合。
- ksize：卷积核的大小，必须为正奇数。
- scale：导数值的缩放因子。默认值为1，即不缩放。
- delta：卷积计算后加上的值，可选。
- borderType：边界类型。不支持 cv.BORDER_WRAP。
- dst：输出图像，其大小和通道数与输入图像相同。

我们前面介绍到 OpenCV 的 cv.Sobel()函数可以计算二阶导数。当 ksize=1 时，cv.Laplacian()函数使用的是式（4-9）中的卷积核；当 ksize>1 时，cv.Laplacian()函数则是基于 Sobel 算子计算二阶导数，具体为

$$dst = \frac{\partial^2 src}{\partial x^2} + \frac{\partial^2 src}{\partial y^2}$$　　　　　　　式（4-10）

下面的代码对图像进行 Laplacian 边缘检测。ksize 取不同值时，Laplacian 边缘检测得到的结果如图 4-8 所示。图 4-8（a）中 ksize=1，图 4-8（b）中 ksize=3。

```python
import cv2 as cv
import numpy as np


def main():
    # 读入图像
    im = cv.imread('blox.jpg')
    # 将图像转为灰度图像
    im_grey = cv.cvtColor(im, cv.COLOR_BGR2GRAY)

    # 对图像进行高斯平滑
    im_grey = cv.GaussianBlur(im_grey, (3, 3), 0, 0)
    # Laplacian 边缘检测。注意输出图像的数据类型
    im_laplacian_1 = cv.Laplacian(im_grey, cv.CV_32F, 1)
    im_laplacian_3 = cv.Laplacian(im_grey, cv.CV_32F, 3)
    # 将图像转换为 8 位图像，用于显示
    im_laplacian_1 = cv.convertScaleAbs(im_laplacian_1)
    im_laplacian_3 = cv.convertScaleAbs(im_laplacian_3)

    cv.imshow('blox_laplacian1.jpg', im_laplacian_1)
    cv.imshow('blox_laplacian3.jpg', im_laplacian_3)
    cv.waitKey()
    cv.destroyAllWindows()


if __name__ == '__main__':
    main()
```

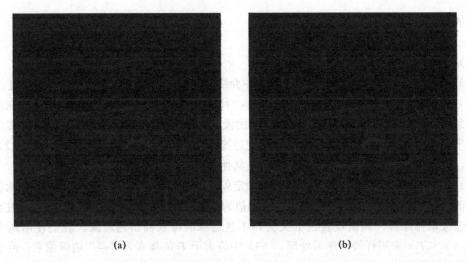

图 4-8　ksize 取不同值时 Laplacian 边缘检测的结果

　　通过 Laplacian 算子得到的是一幅双边缘图像，可以通过查找双边缘之间的零交叉位置来定位图像边缘位置。

　　图 4-9 所示为进行了高斯平滑后再进行 Laplacian 边缘检测和无高斯平滑、直接进行 Laplacian 边缘检测的结果对比。图 4-9（a）为有高斯平滑，图 4-9（b）为无高斯平滑。

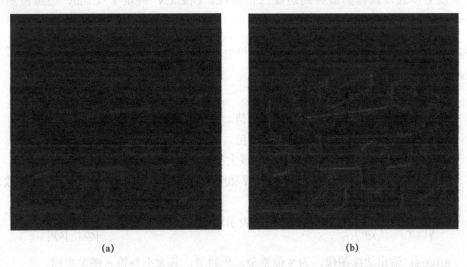

图 4-9　有高斯平滑和无高斯平滑的 Laplacian 边缘检测

　　可以明显看出，先进行高斯平滑再进行 Laplacian 算子计算，得到的图像的噪声减少了很多。

## 4.3　Canny 边缘检测

　　前面介绍的几种算子都可以用于边缘检测，计算出图像可能的边缘，但要最终确定是不是边缘还需要对计算的一阶导数或二阶导数图像进行后处理。Canny 边缘检测是一种广泛使用的多级边缘检测算法，它能输出良好的、稳定的边缘。Canny 边缘检测算法是 J.Canny（坎尼）在 1986

年提出的。

Canny 边缘检测算法有以下几个步骤。

（1）对图像进行高斯平滑，以减少噪声。

（2）计算图像每一点的梯度。4.2.1 小节中介绍的一阶微分算子都可以用来计算梯度。

（3）对（2）中获得的图像进行非极大值抑制以细化边缘。真实图像中边缘两侧的灰度变化并不是急剧的，所以在边缘处和边缘小邻域内的像素的梯度值都会非常大。然而我们需要的是单像素宽度的边缘，通过非极大值抑制可以实现边缘细化。例如，使用 3×3 的邻域遍历（2）中的梯度图，只保留邻域内梯度值最大的像素值，其他像素值均置 0。

（4）进行阈值滞后处理，即使用双阈值确定候选边缘。对（3）中获得的图像进行阈值化，可以获得一幅二值图像，其中不是边缘像素的值为 0。如果只使用一个阈值，阈值设置过高会将很多边缘像素排除掉，阈值设置过低又会将不是边缘的像素判断为边缘。我们使用两个阈值 $T_1$ 和 $T_2$（$T_1 < T_2$）来进行阈值滞后处理。（3）中值大于 $T_2$ 的像素为"强"边缘像素，值小于 $T_1$ 的像素为非边缘像素，值介于 $T_1$ 和 $T_2$ 之间的像素为"弱"边缘像素。如果这些"弱"边缘像素的邻域内存在"强"边缘像素，那么这些"弱"边缘像素将被分类为"强"边缘像素；如果其邻域内不存在"强"边缘像素，这些"弱"边缘像素就被分类为非边缘像素。建议高低阈值的比例介于 2∶1 和 3∶1 之间，即 $2 < \dfrac{T_2}{T_1} < 3$。

完成以上步骤，就得到最终的边缘二值图像。OpenCV 提供了 Canny 边缘检测的函数 `cv.Canny()`，它有下面两种形式。

```
edges = cv.Canny(image, threshold1, threshold2[, apertureSize[, L2gradient]])
```

其中的主要参数介绍如下。

- `image:`，输入图像，为 8 位整型。
- `threshold1`：阈值滞后处理的低阈值。
- `threshold2`：阈值滞后处理的高阈值。
- `apertureSize`：Sobel 算子的卷积核大小。
- `L2gradient`：是否使用 L2 范数计算梯度幅值。如果为 true，表示使用 L2 范数，幅值

  为 $\sqrt{\left(\dfrac{\partial I}{\partial x}\right)^2 + \left(\dfrac{\partial I}{\partial y}\right)^2}$；默认为 false，表示使用 L1 范数，幅值为 $\left|\dfrac{\partial I}{\partial x}\right| + \left|\dfrac{\partial I}{\partial y}\right|$。

- `edges`：输出边缘图像，为 8 位整型，单通道，其大小与输入图像相同。

```
edges = cv.Canny(dx, dy, threshold1, threshold2[, L2gradient])
```

其中的主要参数介绍如下。

- `dx`：输入图像，16 位的 $x$ 轴方向的导数图像，类型为 cv.CV_16SC1 或 cv.CV_16SC3。
- `dy`：输入图像，16 位的 $y$ 轴方向的导数图像，类型为 cv.CV_16SC1 或 cv.CV_16SC3。
- `threshold1`：阈值滞后处理的低阈值。
- `threshold2`：阈值滞后处理的高阈值。
- `L2gradient`：是否使用 L2 范数计算梯度幅值。如果为 true，表示使用 L2 范数，幅值

为 $\sqrt{\left(\dfrac{\partial I}{\partial x}\right)^2+\left(\dfrac{\partial I}{\partial y}\right)^2}$；默认为 false，表示使用 L1 范数，幅值为 $\left|\dfrac{\partial I}{\partial x}\right|+\left|\dfrac{\partial I}{\partial y}\right|$。

● **edges**：输出边缘图像，为 8 位整型，单通道，其大小与输入图像相同。

这两个函数的不同仅在于输入。前一个函数的输入为原始图像，函数内部使用了 Sobel 算子计算梯度图；而后一个函数需要显式地输入 $x$ 轴和 $y$ 轴方向的梯度图，梯度图可以使用其他一阶微分算子计算得到。

下面来看一个用前一个函数进行边缘检测的例子。下面的代码对图 4-10 进行 Canny 边缘检测，结果如图 4-11 所示。图 4-11（a）~图 4-11（c）对应的 $T_1$ 的值依次为 7、25 和 60，而 $\dfrac{T_2}{T_1}=3$。

```python
import cv2 as cv

window_name = 'edge map'

def canny(low_threshold):

    # 此处固定 threshold2 等于 3×threshold1
    high_threshold = low_threshold * 3
    kernel_size = 3

    im = cv.imread('building.jpg')
    # 将图像转为灰度图像
    im_grey = cv.cvtColor(im, cv.COLOR_BGR2GRAY)
    # 对图像进行高斯滤波平滑
    im_blur = cv.GaussianBlur(im_grey, (3, 3), 0, 0)

    # Canny 边缘检测
    edges = cv.Canny(im_blur, low_threshold, high_threshold, kernel_size)
    # 以原始图像的色调显示边缘
    mask = edges != 0
    edge_map = im * (mask[:,:,None].astype(im.dtype))

    cv.imshow(window_name, edge_map)

def main():

    max_lowThreshold = 100
    cv.namedWindow(window_name)
    cv.createTrackbar('low threshold', window_name, 0, max_lowThreshold, canny)
    canny(0)
    cv.waitKey()
    cv.destroyAllWindows()


if __name__ == '__main__':
    main()
```

图 4-10 进行 Canny 边缘检测的输入图像

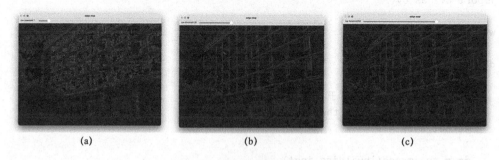

图 4-11 Canny 边缘检测的结果

从图 4-11 可以看出，阈值的设置对最终的边缘检测结果影响很大。

# 第 **5** 章

# 特征提取与匹配

图像特征包含了图像的某种标志性信息。从图像上可以直接观察到角点、边缘、轮廓、纹理、颜色等特征。为了进行图像分析和处理，研究人员设计出一些图像特征，如直方图、SIFT、HoG、LBP 等，这些特征不能直接用眼睛观察到。无论是图像上能看到的特征还是人为设计的特征，我们都需要用某种数学形式来表达。

## 5.1 特征提取

在深度学习时代以前，很多图像特征都是研究人员先手工设计，然后从图像上计算提取的。这一节我们介绍 OpenCV 中实现的两个传统图像特征提取算法：SIFT 和 ORB。

### 5.1.1 SIFT

SIFT 是 Scale-Invariant Feature Transform 的缩写，它是 D.G.Lowe（洛）于 2004 年在论文 *Distinctive Image Features from Scale-Invariant Keypoints* 中提出的。SIFT 是一种局部图像特征，它对旋转、尺度缩放、亮度变化具有不变性，并且在一定程度上对噪声、遮挡等也保持稳定，读者可以阅读上述论文了解 SIFT 的理论知识。

根据论文介绍，SIFT 特征提取主要有以下几步：

- 尺度空间的极值点检测；
- 定位关键点；
- 关键点方向分配；
- 关键点描述。

OpenCV 实现了一个 SIFT 类用于 SIFT 特征提取，但由于专利保护，这部分代码一直放置于 opencv_contrib 仓库中。2020 年 3 月 SIFT 的专利保护失效后，SIFT 的相关代码就从 opencv_contrib 仓库移入 opencv 主仓库中。SIFT 类继承自 Feature2D 类，如图 5-1 所示。

使用 SIFT 类进行 SIFT 特征提取，主要涉及下面几个成员函数。

首先用下面两个函数中的任意一个创建 SIFT 类对象。

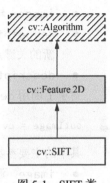

图 5-1　SIFT 类

```
retval = cv.SIFT.create([nfeatures[, nOctaveLayers[, contrastThreshold
                        [, edgeThreshold[, sigma]]]]])
```

其中的主要参数介绍如下。

- nfeatures：要保留的最佳特征的数量。
- nOctaveLayers：每层金字塔的图像层数，默认值为 3。
- contrastThreshold：滤掉低对比度区域弱特征的对比度阈值，默认值为 0.04。
- edgeThreshold：滤掉类似边缘特征的阈值，默认值为 10。
- sigma：对输入图像进行高斯滤波的 sigma 值，默认值为 1.6。

```
retval = cv.SIFT.create(nfeatures, nOctaveLayers, contrastThreshold, edgeThreshold,
                        sigma, descriptorType)
```

其中的主要参数介绍如下。

- nfeatures：要保留的最佳特征的数量。
- nOctaveLayers：每层金字塔的图像层数，默认值为 3。
- contrastThreshold：滤掉低对比度区域弱特征的对比度阈值。
- edgeThreshold：滤掉类似边缘特征的阈值。
- sigma：对输入图像进行高斯滤波的 sigma 值。
- descriptorType：特征的数据类型，只支持 cv.CV_32F 和 cv.CV_8U。

然后调用成员函数 detect() 检测图像中的 SIFT 关键点，注意上面介绍的 SIFT 类继承自 Feature2D 类。

```
keypoints = cv.SIFT.detect(image[, mask])
```

其中的主要参数介绍如下。

- image：进行特征提取的图像（源图像）。
- mask：用于设置特征提取图像区域的掩码（可选），为 8 位整型类型的矩阵，感兴趣区域值为非零。
- keypoints：检测出的关键点。

再计算由关键点构成的 SIFT 特征描述子。

```
keypoints, descriptors = cv.SIFT.compute(image, keypoints)
```

其中的主要参数介绍如下。

- image：输入图像。
- keypoints：输入的关键点集。不能用于计算特征描述的关键点会被移除，某些情况下新的关键点可能被添加。
- descriptors：计算出的特征描述子。

对于上面用 detect() 函数得到的关键点，OpenCV 也提供了一个便捷的绘制函数：

```
outImage = cv.drawKeypoints(image, keypoints, outImage[, color[, flags]])
```

其中的主要参数介绍如下。

- image：源图像。
- keypoints：源图像中的关键点。
- outImage：绘制关键点后的图像。
- color：关键点的绘制颜色。

- flags: 如何绘制特征的标志。可以为 cv.DRAW_MATCHES_FLAGS_DEFAULT、cv.DRAW_MATCHES_FLAGS_DRAW_RICH_KEYPOINTS、cv.DRAW_MATCHES_FLAGS_ DRAW_OVER_OUTIMG、cv.DRAW_MATCHES_FLAGS_NOT_DRAW_SINGLE_POINTS。

drawKeypoints() 的参数 flags 的取值及含义如表 5-1 所示。

表 5-1 drawKeypoints() 的参数 flags 的取值及含义

| flags 的取值 | 含义 |
| --- | --- |
| cv.DRAW_MATCHES_FLAGS_DEFAULT | 创建 outImage，关键点将在其上被绘制为小圆，圆心为关键点的坐标。省略 flags 参数时表示取该值 |
| cv.DRAW_MATCHES_FLAGS_DRAW_OVER_OUTIMG | 不创建 outImage，直接在现有的 outImage 内容上绘制 |
| cv.DRAW_MATCHES_FLAGS_NOT_DRAW_SINGLE_POINTS | 单个的关键点不被绘制 |
| cv.DRAW_MATCHES_FLAGS_DRAW_RICH_KEYPOINTS | 关键点将绘制为有大小和方向的圆 |

下面的代码展示了如何使用 SIFT 类提取关键点并绘制和显示。

```python
import cv2 as cv
import numpy as np


def main():

    # 读入图像
    img = cv.imread('box_in_scene.png')
    cv.imshow('box_in_scene', img)
    # 将图像转为灰度图像
    gray = cv.cvtColor(img, cv.COLOR_BGR2GRAY)

    # 创建 SIFT 类对象
    sift = cv.SIFT_create()
    # 检测 SIFT 关键点
    kp = sift.detect(gray, None)

    # 绘制关键点
    cv.drawKeypoints(gray, kp, img)
    cv.imshow('sift_keypoints_1', img)
    # 绘制关键点（包括大小和方向）
    # cv.drawKeypoints(gray, kp, img,
    #                  flags = cv.DRAW_MATCHES_FLAGS_DRAW_RICH_KEYPOINTS)
    # cv.imshow('sift_keypoints_2', img)

    cv.waitKey()
    cv.destroyAllWindows()

if __name__ == '__main__':
    main()
```

代码读入图 5-2 所示的输入图像，将其转为灰度图像后检测 SIFT 关键点，然后在图像上绘制关键点并显示。示例代码中使用了两种绘制关键点的方式，即 cv.DRAW_MATCHES_FLAGS_DEFAULT 和 cv.DRAW_MATCHES_FLAGS_DRAW_RICH_KEYPOINTS，其效果分别如图 5-3（a）和图 5-3（b）所示。图 5-3（a）中的小圆代表检测出的 SIFT 关键点；图 5-3（b）不仅画出了关键点，还绘制了关键点的大小和方向。

图 5-2 输入图像

(a) (b)

图 5-3 绘制 SIFT 关键点并显示

## 5.1.2 ORB

ORB 的全称是 Oriented FAST and Rotated BRIEF，它是 Ethan Rublee（伊桑·鲁布利）等人于 2011 年在论文 *ORB: An efficient alternative to SIFT or SURF* 中提出的。ORB 特征采用了改进的具有方向的 FAST 特征提取，使用具有旋转不变性的 BRIEF 特征描述子，所以 ORB 的效率很高，详细的算法介绍请参考上述论文。更重要的是，ORB 不受专利的约束。在 2020 年 3 月之前 SIFT 是受专利保护的，需要付费才能使用，而 ORB 则不用考虑这个问题。OpenCV 提供了 ORB 类来提取 ORB 特征，如图 5-4 所示，它继承于 Feature2D 类，所以其用法与 SIFT 类相似。

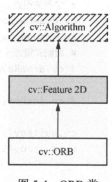

图 5-4 ORB 类

使用 ORB 类进行 ORB 特征提取，主要涉及下面几个成员函数。
首先创建 ORB 类对象。

```
retval = cv.ORB.create([, nfeatures[, scaleFactor[, nlevels[, edgeThreshold[,
        firstLevel[, WTA_K[, scoreType[, patchSize[, fastThreshold]]]]]]]]])
```

其中的主要参数介绍如下。

- nfeatures：需要保留的最大特征数量，默认值为 500。
- scaleFactor：金字塔缩放因子，为大于 1 的浮点数，默认值为 1.2。
- nlevels：金字塔层数，默认值为 8。
- edgeThreshold：未检测到特征的边界尺寸，需要与参数 patchSize 大致匹配，默认值为 31。
- firstLevel：源图像所在的金字塔级数，其之上的金字塔层为源图像的上采样，默认值为 0。
- WTA_K：产生定向 BRIEF 特征描述子的每个元素的点的数量，默认值为 2。
- scoreType：计算匹配分数的方式，默认为 cv.ORB.HARRIS_SCORE。
- patchSize：计算定向 BRIEF 特征描述子使用的邻域大小，默认值为 31。
- fastThreshold：FAST 提取特征点的阈值，默认值为 20。

该函数的参数比较多，一般使用时建议直接用默认值。

然后调用 detect() 函数检测 ORB 关键点。

```
keypoints = cv.ORB.detect(image[, mask])
```

其中的主要参数介绍如下。

- image：进行特征提取的图像。
- mask：用于设置特征提取图像区域的掩码（可选），为 8 位整型类型的矩阵，感兴趣区域（ROI）值为非零。
- keypoints：检测出的关键点。

再计算关键点构成的特征描述子。

```
keypoints, descriptors = cv.ORB.compute(image, keypoints)
```

其中的主要参数介绍如下。

- image：输入图像。
- keypoints：输入的关键点集。不能用于计算特征描述的关键点会被移除，某些情况下新的关键点可能被添加。
- descriptors：计算出的特征描述子。

或者可以使用下面的函数同时进行关键点检测和特征描述子计算。

```
keypoints, descriptors = cv.ORB.detectAndCompute(image, mask[, descriptors[,
                        useProvidedKeypoints]])
```

其中的主要参数介绍如下。

- image：源图像。
- mask：设置特征提取图像区域的掩码。
- descriptors：计算出的特征描述子。
- keypoints：检测出的关键点。

● useProvidedKeypints：是否使用提供的关键点，默认为 false。

下面一段代码展示了如何使用 ORB 类进行关键点检测并绘制和显示。

```python
import cv2 as cv
import numpy as np


def main():

    # 读入图像
    img = cv.imread('box_in_scene.png')
    cv.imshow('box_in_scene', img)
    # 将图像转为灰度图像
    gray = cv.cvtColor(img, cv.COLOR_BGR2GRAY)

    orb = cv.ORB.create()
    # 计算 ORB 关键点
    kp = orb.detect(gray, None)

    # 绘制关键点
    cv.drawKeypoints(gray, kp, img)
    cv.imshow('orb_keypoints_1', img)
    # 绘制关键点（大小和方向）
    # cv.drawKeypoints(gray, kp, img,
    #                  flags = cv.DRAW_MATCHES_FLAGS_DRAW_RICH_KEYPOINTS)
    # cv.imshow('orb_keypoints_2', img)

    cv.waitKey()
    cv.destroyAllWindows()


if __name__ == '__main__':
    main()
```

结果如图 5-5 所示。

图 5-5  ORB 特征提取示例

　　实际上 opencv 主仓库和 opencv_contrib 仓库提供了多个特征提取算法的实现，如图 5-6 所示。读者可以查阅相关文档（https://docs.opencv.org/master/d0/d13/classcv_1_1Feature2D.html）进一步了解。

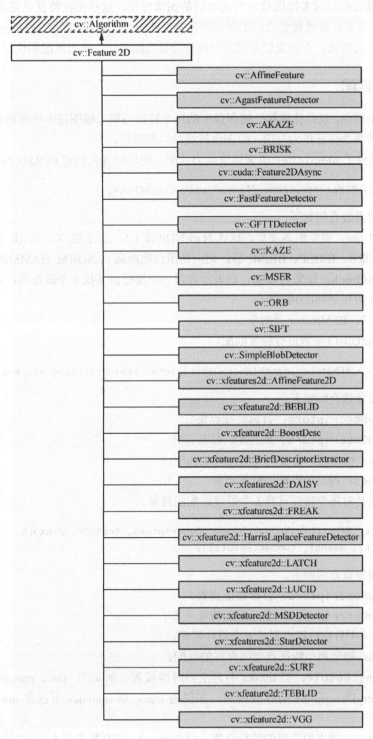

图 5-6　OpenCV 中的特征提取算法

## 5.2　特征匹配

特征匹配是在两幅或多幅图像中找出相同的图像特征，这些图像特征是通过前面介绍的特征提取得到的。很多计算机视觉的应用都会涉及特征匹配，例如图像配准、相机标定等。OpenCV 提供了特征匹配的实现，下面我们介绍其中两种特征匹配方法：暴力匹配和快速最近邻。

### 5.2.1　暴力匹配

暴力匹配很简单，就是计算第一幅图像中的每个特征与第二幅图像中所有特征的距离，然后返回距离最近的那个特征作为与第一幅图像特征的匹配特征。

OpenCV 提供了 **BFMatcher** 类来完成暴力匹配。使用时首先创建 **BFMatcher** 类对象。

```
retval = cv.BFMatcher.create([normType[, crossCheck]])
```

其中的主要参数介绍如下。

- **normType**：设定距离类型。默认为 cv.NORM_L2，适合 SIFT、SURF 等特征；如果特征为 ORB、BRIEF、BRISK 等，则应使用汉明距离 cv.NORM_HAMMING。
- **crossCheck**：如果为 false，则表示对每一个特征点寻找 $k$ 个最近邻；如果为 true，那么 $k$=1 时仅返回($i,j$)配对。
- **retval**：BFMatcher 类对象。

然后调用 match()函数进行特征匹配。

```
matches = cv.BFMatcher.match(queryDescriptors, trainDescriptors[, masks])
```

其中的主要参数介绍如下。

- **queryDescriptors**：目标特征点集。
- **trainDescriptors**：要匹配的特征点集。
- **masks**：指定两个特征点集间允许的匹配。
- **matches**：得出的匹配的特征点集。

下面的函数是对每个特征只找 $k$ 个最佳匹配的特征。

```
matches = cv.BFMatcher.knnMatch(queryDescriptors, trainDescriptors,
        k[, masks[, compactResult]])
```

其中的主要参数介绍如下。

- **queryDescriptors**：目标特征点集。
- **trainDescriptors**：要匹配的特征点集。
- **k**：每一个目标特征点要找 $k$ 个最佳匹配。
- **masks**：指定两个特征点集间允许的匹配。
- **compactResult**：当 masks 不为空的时候设置。如果为 false，matches 向量的长度与 queryDescriptors 的行数相同。如果为 true，则 matches 不包含 mask 中除去的特征点。
- **matches**：得出的匹配的特征点集。每个 matches[i]有最多有 $k$ 个匹配的特征点。

下面这段代码展示了如何用暴力匹配的方法进行特征匹配。

```python
import numpy as np
import cv2 as cv


def main():
    # 读入图像
    img1 = cv.imread('box.png', cv.IMREAD_GRAYSCALE)
    img2 = cv.imread('box_in_scene.png', cv.IMREAD_GRAYSCALE)

    # 分别在两幅图像中提取 SIFT 特征
    sift = cv.SIFT.create()
    kp1, des1 = sift.detectAndCompute(img1, None)
    kp2, des2 = sift.detectAndCompute(img2, None)

    # 进行特征匹配，只保留最好的两个匹配结果
    bf = cv.BFMatcher()
    matches = bf.knnMatch(des1, des2, k = 2)

    # 绘制匹配的特征并显示
    good_matches = []
    ratio_thresh = 0.75
    for m, n in matches:
        if m.distance < ratio_thresh * n.distance:
            good_matches.append([m])
    img3 = cv.drawMatchesKnn(img1, kp1, img2, kp2, good_matches, None,
        flags = cv.DrawMatchesFlags_NOT_DRAW_SINGLE_POINTS)

    cv.imshow('Good Matches', img3)
    cv.waitKey()
    cv.destroyAllWindows()


if __name__ == '__main__':
    main()
```

图 5-7 展示了暴力匹配的结果，其将两幅图像匹配的特征用直线连接起来。我们看到，结果中也包含了一些错误的匹配，这可以通过调节代码中的 `ratio_thresh` 来进行控制。`ratio_thresh` 取值较小会造成得到的匹配特征对少，但 `ratio_thresh` 取值较大会造成大量的错误匹配特征对。

图 5-7 中匹配的特征可以用 OpenCV 提供的匹配特征绘制函数 `cv.drawMathes()` 来绘制。

```python
outImg = cv.drawMatches(img1, keypoints1, img2, keypoints2, matches1to2,
    outImg[, matchColor[, singlePointColor[, matchesMask[, flags]]]])
```

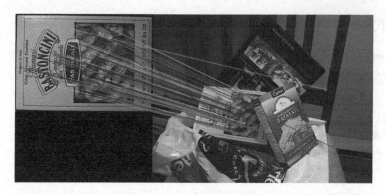

图 5-7 暴力匹配的结果示例

其中的主要参数介绍如下。

- img1：第一幅图像。
- keypoints1：第一幅图像中的特征点。
- img2：第二幅图像。
- Keypoints2：第二幅图像中的特征点。
- matches1to2：第一幅图像特征点到第二幅图像特征点的匹配，即 keypoints1[i]匹配的特征点为 keypoints2[matches1to2[i]]。
- outImg：输出图像，具体内容依赖于 flags 的值。
- matchColor：匹配的线和关键点的颜色。
- singlePointColor：单独未匹配的关键点的颜色。
- matchesMask：设定绘制哪些匹配的特征点。
- flags：绘制的设定。与 cv.drawKeypoints()中的 flags 的值有同样的取值（见表 5-1）。

## 5.2.2 FLANN

FLANN 是 Fast Library for Approximate Nearest Neighbors（一种快速近似最近邻开源库）的缩写，它使用了快速最近邻搜索算法进行查找。在大数据量时，FLANN 比 BFMatcher 速度快。在 OpenCV 中，用 FlannBasedMatcher 类进行特征匹配的方法与 BFMatcher 类相似，首先创建 FlannBasedMatcher 类对象，然后进行特征匹配。

图 5-8 为使用 cv.FlannBasedMatcher 类进行特征匹配的结果。

图 5-8 使用 FlannBasedMatcher 类进行特征匹配的结果

其实现代码如下：

```python
import numpy as np
import cv2 as cv


def main():
    # 读入图像
    img1 = cv.imread('box.png', cv.IMREAD_GRAYSCALE)
    img2 = cv.imread('box_in_scene.png', cv.IMREAD_GRAYSCALE)

    if img1 is None or img2 is None:
        print('Could not open or find the images!')
        exit(0)

    #-- 1: SIFT 特征点检测
    sift = cv.SIFT.create()
    keypoints1, descriptors1 = sift.detectAndCompute(img1, None)
    keypoints2, descriptors2 = sift.detectAndCompute(img2, None)

    #-- 2: 用 FLANN 进行特征点匹配
    matcher = cv.DescriptorMatcher.create(cv.DescriptorMatcher_FLANNBASED)
    knn_matches = matcher.knnMatch(descriptors1, descriptors2, 2)

    #-- 只保留较好的匹配特征对
    ratio_thresh = 0.7
    good_matches = []
    for m,n in knn_matches:
        if m.distance < ratio_thresh * n.distance:
            good_matches.append(m)

    #-- 绘制匹配的特征对
    img_matches = np.empty((max(img1.shape[0], img2.shape[0]),
                img1.shape[1]+img2.shape[1], 3), dtype=np.uint8)
    cv.drawMatches(img1, keypoints1, img2, keypoints2, good_matches, img_matches,
                flags=cv.DrawMatchesFlags_NOT_DRAW_SINGLE_POINTS)

    #-- 显示结果
    cv.imshow('Good Matches', img_matches)
    cv.waitKey()
    cv.destroyAllWindows()


if __name__ == '__main__':
    main()
```

## 5.3  应用示例

下面我们来看一个特征匹配的应用：在一幅图像中找出目标物体，图 5-9（a）是目标物体图像，需要从图 5-9（b）中找出该目标物体。

(a)                                    (b)

图 5-9　找出目标物体

算法的流程如下。

● 读入目标物体图像和场景图像，并转为灰度图像。

● 分别提取两幅图像的 SIFT 特征（其他特征也可以）。

● 进行特征匹配，保留较好的匹配特征对。

● 根据上面的匹配特征对计算目标物体到场景中目标物体的单应性矩阵。

● 根据单应性矩阵、目标物体的坐标计算其在场景图像中的坐标。

● 绘制结果。

实现代码如下：

```python
import cv2 as cv
import numpy as np


def main():
    # 读入图像，并转为灰度图像
    # 目标物体图像
    img1 = cv.imread('box.png')
    img1_gray = cv.cvtColor(img1, cv.COLOR_BGR2GRAY)
    # 要寻找目标物体的场景图像
    img2 = cv.imread('box_in_scene.png')
    img2_gray = cv.cvtColor(img2, cv.COLOR_BGR2GRAY)

    # 提取 SIFT 特征并计算特征描述子
    sift = cv.SIFT.create()
    kp1, des1 = sift.detectAndCompute(img1_gray, None)
    kp2, des2 = sift.detectAndCompute(img2_gray, None)

    # FLANN 参数
    FLANN_INDEX_KDTREE = 1
    index_params = dict(algorithm = FLANN_INDEX_KDTREE, trees = 5)
    search_params = dict(checks = 50)
    flann = cv.FlannBasedMatcher(index_params, search_params)
```

```python
    # FLANN 特征匹配
    matches = flann.knnMatch(des1, des2, k = 2)

    # 根据 ratio 保留较好的匹配特征对
    good_matches = []
    for m,n in matches:
        if m.distance < 0.7 * n.distance:
            good_matches.append(m)

    # 如果较好的匹配特征对数量足够多，则计算单应性矩阵
    # 这里设置为大于 10
    if len(good_matches) > 10:
        # 整理两幅图像中匹配特征对应的点
        src_pts = np.float32([kp1[m.queryIdx].pt for m in good_matches]).
                        reshape(-1,1,2)
        dst_pts = np.float32([kp2[m.trainIdx].pt for m in good_matches]).
                        reshape(-1,1,2)

        # 计算目标物体到场景图像中目标物体的单应性矩阵
        H, mask = cv.findHomography(src_pts, dst_pts, cv.RANSAC, 5.0)
        # 正常特征的点（inliers）
        matchesMask = mask.ravel().tolist()

        # 目标物体的坐标
        h, w, d = img1.shape
        obj_corners = np.float32([[0,0], [0,h-1], [w-1,h-1], [w-1,0]]).
                    reshape(-1,1,2)

    # 根据单应性矩阵计算目标物体在场景图像中的坐标
        scene_corners = cv.perspectiveTransform(obj_corners, H)

    # 将在场景图像中找到的目标物体用红色的框标记出来
        img2 = cv.polylines(img2, [np.int32(scene_corners)], True, (0,0,255), 2,
                        cv.LINE_AA)
    else:
        print( "匹配的特征对数量不够多 - 找到的匹配对: {}/最少需要的匹配对: {}".
            format(len(good), MIN_MATCH_COUNT) )
        matchesMask = None

    # 绘制匹配的特征对
    draw_params = dict(matchColor = (0,255,0),
                    matchesMask = matchesMask,
                    flags = cv.DrawMatchesFlags_NOT_DRAW_SINGLE_POINTS)
    img3 = cv.drawMatches(img1, kp1, img2, kp2, good_matches, None, **draw_params)

    cv.imshow('application', img3)
    cv.waitKey()
    cv.destroyAllWindows()


if __name__ == '__main__':
    main()
```

结果如图 5-10 所示。四边形框住的就是要找的目标物体，可以看到结果是正确的。

图 5-10　图 5-9 所示的找出目标物体应用的结果

# 第**6**章

# 人脸识别应用

　　人脸识别是日常生活中使用最广泛的计算机视觉应用之一，办公楼门禁、火车站闸机、刷脸支付等都用到了人脸识别技术。本章将对人脸识别应用涉及的相关算法进行介绍，并介绍如何利用 OpenCV 实现高效实时的人脸识别系统。

## 6.1　人脸识别简介

　　人脸识别是将图像或视频帧中的人脸（输入人脸）与数据库中的人脸进行比对，判断输入人脸是否能与数据库中的某一张人脸匹配，即判断输入人脸是谁或者判断输入人脸是否是数据库中的这个人，如图 6-1 所示。前者称为人脸识别，属于 $1:N$ 的比对，输入人脸身份为 1，数据库人脸身份的数量为 $N$，一般应用在办公楼门禁、疑犯追踪等领域；后者称为人脸验证，属于 $1:1$ 的比对，输入人脸身份为 1，数据库中为同一人的数据，在金融、信息安全、火车站闸机等领域应用较多。

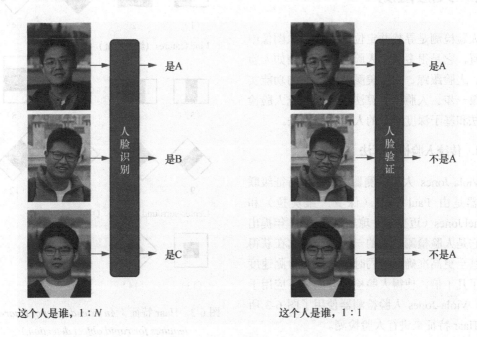

这个人是谁，$1:N$　　　　　　　　　　　　这个人是谁，$1:1$

图 6-1　人脸识别与人脸验证

　　一个完整的人脸识别流程主要包含人脸检测、人脸对齐、特征提取、人脸比对几个部分，如图 6-2 所示。

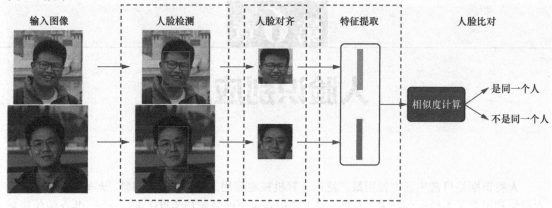

图 6-2　人脸识别流程

- 人脸检测是寻找并定位人脸在输入图像中的位置，一般用矩形框标识出来。
- 图像中人的头部姿态可能不同，人脸对齐就是将检测出来的人脸变换到一个统一的标准位置，以方便后续的特征提取和人脸比对。
- 特征提取是在人脸图像中提取用于表达人脸的特征。
- 人脸比对是基于人脸特征进行相似度计算完成对人脸身份的判断。

　　下面我们逐一介绍人脸识别流程中的这几个部分及相应技术。

# 6.2　人脸检测

　　人脸检测是寻找并定位人脸在输入图像中的位置，它是很多基于人脸的应用（例如人脸识别、人脸跟踪、人脸美颜特效等）的功能实现的第一步。人脸检测算法可分为传统人脸检测算法和基于深度学习的人脸检测算法。

## 1. 传统人脸检测算法

　　Viola-Jones 人脸检测器或 Haar 特征级联分类器是由 Paul Viola（保罗·维奥拉）和 Michael Jones（迈克尔·琼斯）在 2001 年提出的，它是人脸检测技术的一个突破。它在获得相同甚至更高准确率的同时，将人脸检测速度提高了几十倍，使得人脸检测开始真正应用于实际。Viola-Jones 人脸检测器使用了图 6-3 所示的 Haar 特征来进行人脸检测。

　　Haar 特征反映了局部区域间的明暗关系，

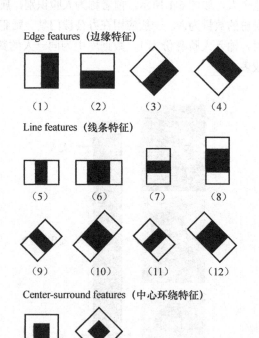

图 6-3　Haar 特征（*An extended set of Haar-like features for rapid object detection*）

用于人脸检测的示例如图 6-4 所示。可以看出来，眉毛、眼睛区域比其下面的区域暗，鼻梁区域比其周围区域暗。

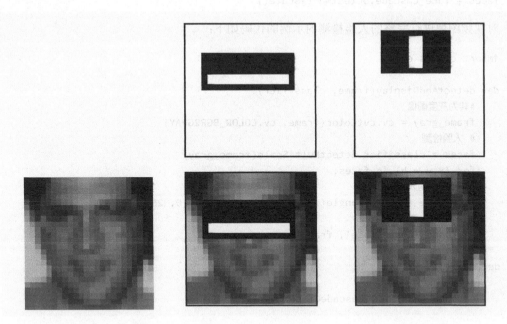

图 6-4　Haar 特征用于人脸检测（*Rapid Object Detection Using a Boosted Cascade of Simple Features*）

OpenCV 提供了使用级联分类器进行目标检测的函数。

```
objects = cv.CascadeClassifier.detectMultiScale(image[, scaleFactor[,
        minNeighbors [, flags[, minSize[, maxSize]]]]])
```

其中的主要参数介绍如下。
- image：要进行目标检测的图像。
- scaleFactor：图像每次缩小的因子，默认值是 1.1。
- minNeighbors：设定每一个矩形框成为候选框需要包含的相邻矩形框的个数，默认值为 3。
- flags：旧函数 cvHaarDetectObjects() 的一个参数，在此新的级联分类器中未使用。
- minSize：目标最小尺寸。
- maxSize：目标最大尺寸。
- objects：检测出的目标的矩形框数组，矩形框可能部分超出图像。

用该函数来进行人脸检测的主要代码如下：

```
# 创建一个级联分类器对象
face_cascade = cv.CascadeClassifier()

# 读入分类器模型文件
# 这里进行的是人脸检测，所以需要读入人脸分类器文件
# 如果进行其他目标的检测，则读入对应的目标分类器文件即可
face_cascade.load()
```

```
# 进行人脸检测
faces = face_cascade.detectMultiScale()
```

对视频图像进行完整的人脸检测的示例的代码如下：

```
import cv2 as cv

def detectAndDisplay(frame, classifier):
    #转为灰度图像
    frame_gray = cv.cvtColor(frame, cv.COLOR_BGR2GRAY)
    # 人脸检测
    faces = classifier.detectMultiScale(frame_gray)
    for (x,y,w,h) in faces:
        # 绘制人脸矩形框
        frame = cv.rectangle(frame, (x, y, w, h), (0, 255, 0), 3)

    cv.imshow('Haar face', frame)

def main():
    # 创建级联分类器对象
    face_cascade = cv.CascadeClassifier()

    # 读入分类器文件
    # 这里进行的是人脸检测，所以需要读入人脸分类器文件
    # 如果进行其他目标的检测，则读入对应的目标分类器文件即可
    if not face_cascade.load('haarcascade_frontalface_alt.xml'):
        print('--(!)Error loading face cascade')
        exit(0)

    # 打开摄像头，获取视频帧
    cap = cv.VideoCapture(0)
    if not cap.isOpened:
        print('--(!)Error opening video capture')
        exit(0)

    while cv.waitKey(1) < 0:
        ret, frame = cap.read()
        if frame is None:
            print('--(!) No captured frame -- Break!')
            break
        # 进行人脸检测并显示结果
        detectAndDisplay(frame, face_cascade)


if __name__ == '__main__':
    main()
```

上面的代码创建了一个级联分类器对象 face_cascade。因为程序的目的是进行人脸检测，所以读入人脸检测的分类器文件（模型），然后再调用 detectMultiScale() 进行人脸检测，获得人脸矩形框并将结果绘制在图像上，结果如图 6-5 所示，矩形框为人脸检测定位的人脸位置。

除了 Viola-Jones 人脸检测器，传统人脸检测算法还有基于 HoG（Histogram of Oriented Gradient，方向梯度直方图）特征和 SVM（Support Vector Machine，支持向量机）分类器的人脸检测、DPM（Deformable Part Model，可形变部件模型）算法等，这里不再一一介绍，感兴趣的读者可以查阅相关资料进行了解。

和传统手工特征的人脸检测算法相比，基于深度学习的人脸检测算法的准确率高得多，速度也快得多，完全可以在低功耗的微处理器上运行。下面我们介绍基于深度学习的人脸检测算法。

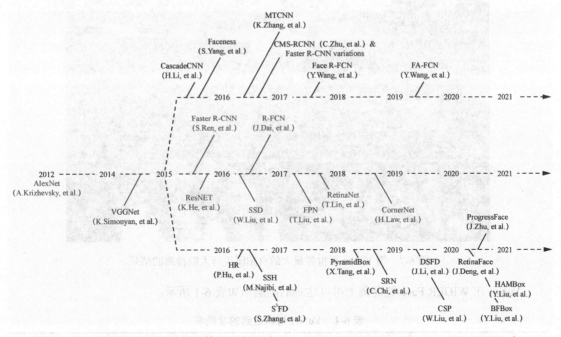

图 6-5　Viola-Jones 人脸检测结果示

**2. 基于深度学习的人脸检测算法**

自从 AlexNet 在 2012 年的 ImageNet 竞赛中崭露头角之后，基于深度学习的图像算法便如雨后春笋般出现。人脸检测技术也不例外，从基于深度学习的目标检测算法中衍生出多种人脸检测算法。图 6-6 展示了基于深度学习的人脸检测算法的发展。

图 6-6　基于深度学习的人脸检测算法的发展（*Detect Faces Efficiently:A Survey and Evaluations*）

在图 6-6 中，中间的线代表目标识别和目标检测算法的发展，中间的线以上的部分是基于两阶段的深度学习人脸检测算法的发展，中间的线以下的部分是基于一阶段的深度学习人脸检测算法的发展。

这些深度学习模型都可以借助 OpenCV 的 DNN（Deep Neural Network，深度神经网络）模块来运行：

```
# 读入深度学习模型
net = cv.dnn.readNet()
```

```
# 设置输入
blob = cv.dnn.blobFromImage()
net.setInput(blob)

# 进行推理，得到结果
detections = net.forward()

# 后处理
...
```

用上述代码进行基于深度学习的人脸检测，在 forward() 之后，用户需要自行实现相应的后处理才能得到最终的人脸检测结果。OpenCV 提供了一个专门的人脸检测类 FaceDetectorYN，它将模型推理后的后处理过程也包含进函数中，简化了用户的编码工作。FaceDetectorYN 类使用了基于 SSD 的高效深度人脸检测模型 YuNet，它只有卷积、激活和池化 3 种层，非常轻量，大小只有 300 多 KB，检测速度可以达到 1000fps。图 6-7 展示了用 YuNet 对世界最大的自拍图进行人脸检测的结果。

图 6-7　用 YuNet 对世界最大的自拍图进行人脸检测的结果

YuNet 在 WIDER Face 验证集上可以达到的准确率如表 6-1 所示。

表 6-1　YuNet 可以达到的准确率

| 模式 | Easy（简单） | Medium（中等） | Hard（困难） |
|---|---|---|---|
| 准确率 | 0.887 | 0.871 | 0.768 |

使用 FaceDetectorYN 类进行人脸检测的流程如下。

首先创建 FaceDetectorYN 人脸检测类对象。

```
retval = cv.FaceDetectorYN.create(model, config, input_size[, score_threshold[,
        nms_threshold[, top_k[, backend_id[, target_id]]]]])
```

其中的主要参数介绍如下。

- model：人脸检测模型文件。
- config：模型配置文件。为了保持接口兼容性的参数，如果是 ONNX（Open Neural Network Exchange，开放式神经网络交换格式，是一种针对机器学习设计的开放式的文件格式）模型，则不需要传入。
- input_size：输入图像大小。
- score_threshold：矩形框分数的阈值。
- nms_threshold：NMS（Non-maximum Suppression，非极大值抑制）中 IoU（Intersection over Union，交并比）的阈值。
- top_k：进行 NMS 前保留得分最高的矩形框的数量。
- backend_id：DNN 运行后端 ID。
- target_id：DNN 运行硬件目标 ID。

然后调用成员函数 detect()进行人脸检测，直接得到最终的人脸检测结果。

```
faces = cv.FaceDetectorYN.detect(image)
```

其中的主要参数介绍如下。

- image：要进行人脸检测的图像。
- faces：人脸检测的结果。

主要代码示例如下（完整代码请参考电子资源 06 中的 yunet_face.py）：

```
if __name__ == '__main__':

    ## [初始化 FaceDetectorYN]
    detector = cv.FaceDetectorYN.create(
        args.face_detection_model,
        "",
        (320, 320),
        args.score_threshold,
        args.nms_threshold,
        args.top_k
    )
    ## [初始化 FaceDetectorYN]

    tm = cv.TickMeter()

    # 若输入为图像
    if args.image is not None:
        img1 = cv.imread(args.image)
        img1Width = int(img1.shape[1]*args.scale)
        img1Height = int(img1.shape[0]*args.scale)

        img1 = cv.resize(img1, (img1Width, img1Height))
        tm.start()

        ## [推理]
        # 推理前需要设置输入的大小
        detector.setInputSize((img1Width, img1Height))
```

```
            faces1 = detector.detect(img1)
            ## [推理]

            tm.stop()
            assert faces1[1] is not None, 'Cannot find a face in {}'.format(args.image1)

            # 将结果绘制在图像上
            visualize(img1, faces1, tm.getFPS())

            # 显示结果
            cv.imshow("yunet face", img1)
            cv.waitKey()
        else: # 若输入为摄像头

    cv.destroyAllWindows()
```

上述代码的结果如图 6-8 所示。

图 6-8　YuNet 人脸检测示例结果

# 6.3　人脸对齐

　　人脸对齐是将检测得到的人脸图像变换到标准正脸姿态。在实际图片中,由于头部姿态各异、人脸尺度不同等,人脸所呈现出来的形式也各不相同。用不同尺度、姿态的人脸图像进行人脸特征提取会对特征的表达能力产生影响,进而影响人脸识别的准确率,因此需要将人脸图像变换到标准正脸姿态后再进行特征提取和人脸比对操作。通过相似变换对检测出的人脸图像进行旋转、平移、缩放等操作,可以将这些人脸图像都变换到一个统一的姿态,如图 6-9 所示。

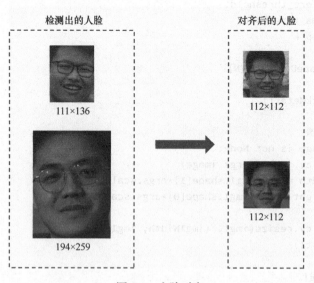

图 6-9　人脸对齐

假设原始人脸图像中的像素点坐标为$(x, y)$，变换到标准正脸姿态后的对应坐标为$(x', y')$，根据第 2 章中介绍的图像几何变换知识，两者有如下关系：

$$\begin{bmatrix} x' \\ y' \\ 1 \end{bmatrix} = \begin{bmatrix} \cos\theta \cdot s & \sin\theta \cdot s & t_x \\ -\sin\theta \cdot s & \cos\theta \cdot s & t_y \\ 0 & 0 & 1 \end{bmatrix} \begin{bmatrix} x \\ y \\ 1 \end{bmatrix}$$

所以我们只要知道原始人脸和标准正脸间的旋转角度（$\theta$）、缩放比例（$s$）和位移（$t_x$、$t_y$），就可以将人脸图像变换到标准正脸姿态，也就是我们需要知道变换矩阵。

上一节中介绍的基于深度学习的人脸检测模型，很多除了进行检测人脸外，还同时进行了人脸关键点的检测。例如，在图 6-8 展示的人脸检测示例中，除了获得了人脸矩形框，还获得了在图中用彩色圆点标识的眼角、鼻尖、嘴角等关键点。根据人脸关键点，可以用 OpenCV 的 `cv.getAffineTransform()`函数计算出变换矩阵，再使用 `cv.warpAffine()`函数将检测出的人脸变换到标准正脸姿态。

OpenCV 中的人脸识别类 FaceRecognizerSF 提供了用于人脸对齐的成员函数（下一节介绍 FaceRecognizerSF 类）：

```
aligned_img = cv.FaceRecognizerSF.alignCrop(src_img, face_box)
```

其中的主要参数介绍如下。

- `src_img`：输入图像。
- `face_box`：标识输入图像中的人脸矩形框。
- `aligned_img`：对齐后的人脸图像。

将图 6-9 中检测到的人脸进行对齐，即得到图 6-10 所示的结果。

图 6-10 人脸对齐结果

# 6.4 特征提取

特征提取是将输入的人脸图像用一个高维特征向量来表示。如果是同一身份的人脸图像，该高维特征向量的距离近；如果是不同身份的人脸图像，则高维特征向量的距离远。人脸特征提取也可分为传统方法和基于深度学习的方法两大类，图 6-11 展示了人脸特征提取方法的发展。

随着人脸特征由全局学习、手动特征、浅层表示逐渐发展到深度特征时代，人脸识别准确率有了大幅度提升。2014 年 DeepFace 已在 LFW 数据库（主要研究非限制环境下的人脸识别问题）上达到了 97%的识别准确率，到现在更是达到了几乎饱和的程度。特征脸、Gabor（一种滤波器，可以有效表征图像的纹理特征信息）、LBP（用来描述图像局部纹理特征）等都是经典的传统人脸特征提取方法，基于深度学习的特征提取自 2014 年以来出现了很多不同的方法，详细的情况读者可参考图 6-12 进一步了解。

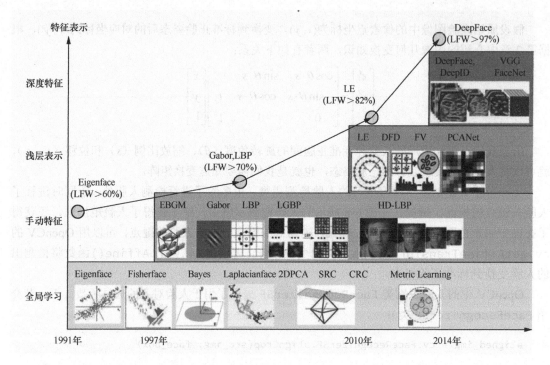

图 6-11　人脸特征提取方法的发展（*Deep face recognition: A survey*）

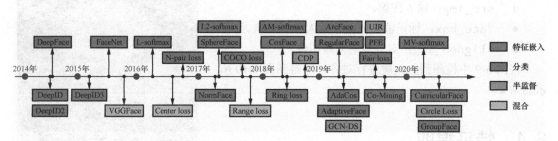

图 6-12　基于深度学习的人脸识别技术的发展（*The Elements of End-to-end Deep Face Recognition: A Survey of Recent Advances*）

　　OpenCV 中的人脸识别类 FaceRecognizerSF 提供了进行特征提取的方法。FaceRecognizerSF 类是论文 *SFace: sigmoid-constrained hypersphere loss for robust face recognition* 中人脸识别方法的实现。OpenCV 中的 SFace 是一个轻量的人脸识别模型，大小只有 36.9MB，但是其在不同数据集上均有很高的准确率，如表 6-2 所示。

表 6-2　SFace 在不同数据集上的准确率

| 数据集 | 准确率 | normL2 阈值 | cosine 阈值 |
| --- | --- | --- | --- |
| LFW | 99.60% | 1.128 | 0.363 |
| CALFW | 93.95% | 1.149 | 0.340 |
| CPLFW | 91.05% | 1.204 | 0.275 |
| AgeDB-30 | 94.90% | 1.202 | 0.277 |
| CFP-FP | 94.80% | 1.253 | 0.212 |

SFace 模型以 3×112×112 的对齐人脸图像作为输入，输出维度为 128 维的人脸特征，如图 6-13 所示。

FaceRecognitionSF 类的成员函数 feature() 用于进行人脸特征提取。

```
face_feature = cv.FaceRecognizer.feature
(aligned_img)
```

其中的主要参数介绍如下。

- aligned_img：对齐后的人脸图像。
- face_feature：人脸特征。

图 6-13 SFace 模型输出 128 维的人脸特征

## 6.5 人脸比对

在获取了用于表达人脸的人脸特征后，对于不同的人脸图像，通过比对其人脸特征间的距离（相似度）的远近，就可以判断人脸身份，如图 6-14 所示。

FaceRecognitionSF 类提供了计算特征间相似度的成员函数 match()，用于进行人脸特征比对。

```
retval = cv.FaceRecognizer.match (face_feature1, face_feature2[, dis_type])
```

其中的主要参数介绍如下。

- face_feature1：第一个人脸的特征。
- face_feature2：第二个人脸的特征，与 face_feature1 大小和类型相同。
- dis_type：相似度类型，为 FR_COSINE（默认）或 FR_NORM_L2。
- retval：两个人脸特征间的距离。

有两种相似度的计算方法——cosine 和 L2。使用 cosine 计算相似度时，值越大，两个向量间的距离越近；而使用 L2 计算相似度时，值越小，两个向量间的距离越近。

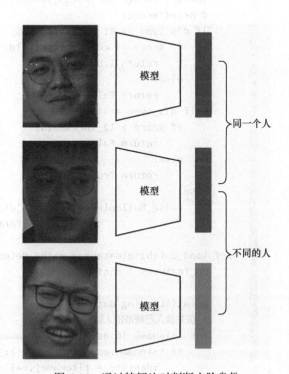

图 6-14 通过特征比对判断人脸身份

## 6.6 人脸识别示例

使用 OpenCV 提供的基于深度学习的人脸检测类 FaceDetectorYN 和人脸识别类 FaceRecognitionSF，可以轻松实现一个高效的人脸识别应用，下面以一个示例来说明，关键部分代码如下（完整代码请参考电子资源 06 中的 face_recognition.py）。

```python
def detect_face(detector, image):
    ''' 对 image 进行人脸检测
    '''
    h, w, c = image.shape
    if detector.getInputSize() != (w, h):
        detector.setInputSize((w, h))

    faces = detector.detect(image)
    return [] if faces[1] is None else faces[1]

def extract_feature(recognizer, image, faces):
    ''' 根据 faces 中的人脸矩形框进行人脸对齐；从对齐后的人脸提取特征
    '''
    features = []
    for face in faces:
        aligned_face = recognizer.alignCrop(image, face)
        feature = recognizer.feature(aligned_face)
        features.append(feature)
    return features

def match(recognizer, feature1, feature2, dis_type=1):
    l2_threshold = 1.128
    cosine_threshold = 0.363

    score = recognizer.match(feature1, feature2, dis_type)
    # print(score)
    if dis_type == 0: # cosine 相似度
        if score >= cosine_threshold:
            return True
        else:
            return False
    elif dis_type == 1: # L2 距离
        if score > l2_threshold:
            return False
        else:
            return True
    else:
        raise NotImplementedError('dis_type = {} is not implemenented!'.
                                  format(dis_type))

def load_database(database_path, detector, recognizer):
    db_features = dict()

    print('Loading database ...')
    # 首先读入已提取的人脸特征
    for filename in os.listdir(database_path):
        if filename.endswith('.npy'):
            identity = filename[:-4]
            if identity not in db_features:
                db_features[identity] = np.load(os.path.join(database_path, filename))
```

```
    npy_cnt = len(db_features)
    # 读入图像并提取人脸特征
    for filename in os.listdir(database_path):
        if filename.endswith('.jpg') or filename.endswith('.png'):
            identity = filename[:-4]
            if identity not in db_features:
                image = cv.imread(os.path.join(database_path, filename))
                faces = detect_face(detector, image)
                features = extract_feature(recognizer, image, faces)
                if len(features) > 0:
                    db_features[identity] = features[0]
                    np.save(os.path.join(database_path, '{}.npy'.format(identity)),
                            features[0])
    cnt = len(db_features)
    print('Database: {} loaded in total, {} loaded from .npy,
        {} loaded from images.'.format(cnt, npy_cnt, cnt-npy_cnt))
    return db_features

if __name__ == '__main__':
    # 初始化人脸检测类 FaceDetectorYN
    detector = cv.FaceDetectorYN.create(
        args.face_detection_model,
        "",
        (640, 480),
        score_threshold=0.99,
        # backend_id=cv.dnn.DNN_BACKEND_TIMVX,
        # target_id=cv.dnn.DNN_TARGET_NPU
    )
    # 初始化人脸识别类 FaceRecognizerSF
    recognizer = cv.FaceRecognizerSF.create(
        args.face_recognition_model,
        "",
        # backend_id=0, #cv.dnn.DNN_BACKEND_TIMVX,
        # target_id=0, #cv.dnn.DNN_TARGET_NPU
    )

    # 读入数据库
    database = load_database(args.database_dir, detector, recognizer)

    # 初始化视频流
    device_id = 0
    cap = cv.VideoCapture(device_id)
    w = int(cap.get(cv.CAP_PROP_FRAME_WIDTH))
    h = int(cap.get(cv.CAP_PROP_FRAME_HEIGHT))

    # 实时人脸识别
    tm = cv.TickMeter()

    while cv.waitKey(1) < 0:
        #frame = cv.imread('gemma4.jpg')
        hasFrame, frame = cap.read()
```

```
    if not hasFrame:
        print('No frames grabbed!')
        break

tm.start()
# 人脸检测
faces = detect_face(detector, frame)
# 特征提取
features = extract_feature(recognizer, frame, faces)
# 与数据库进行人脸比对
identities = []
for feature in features:
    isMatched = False
    for identity, db_feature in database.items():
        isMatched = match(recognizer, feature, db_feature)
        if isMatched:
            identities.append(identity)
            break
    if not isMatched:
        identities.append('Unknown')
tm.stop()

# 将结果绘制在图像上
frame = visualize(frame, faces, identities, tm.getFPS())

# 显示结果
cv.imshow('Face recognition system', frame)

tm.reset()

cap.release()
cv.destroyAllWindows()
```

3 个不同身份的人 wanli、yuantao 和 zihao 的图像分别如图 6-15(a)～图 6-15(c)所示。对其进行人脸检测和人脸对齐后得到的结果如图 6-16 所示。再对对齐后的人脸图像进行特征提取，获得的人脸特征向量以 npy 的文件格式存放于数据库 database 下，如图 6-17 所示。

(a)　　　　　　　　　(b)　　　　　　　　　(c)

图 6-15　3 个不同身份的人的图像

图 6-16 对齐后的人脸图像

图 6-17 人脸特征向量

对图 6-18 所示的输入图像进行人脸检测、人脸对齐和特征提取后,与数据库中的特征数据逐一进行比对,计算 L2 相似度(距离),分别得到 1.4578(wanli)、1.2369(zihao)、0.8973(yuantao)。两个特征向量间的 L2 距离越小,两个向量就越靠近。输入图像人脸的特征向量与数据库中 yuantao 的人脸特征向量最接近,且小于代码中设置的 L2 相似度阈值 1.128,所以算法得到输入图像中的人为 yuantao。我们再用肉眼观察结果,可以知道结果是正确的。

图 6-18 人脸识别结果示例

# 第7章

# 目标跟踪应用

目标跟踪是计算机视觉的一个重要研究领域，它在我们的实际生活中有着广泛的应用，如机器人、安防监控等领域。本章将介绍目标跟踪的算法以及如何使用 OpenCV 实现目标跟踪。

## 7.1　什么是目标跟踪

所谓目标跟踪，是指根据目标物体在视频当前帧图像中的位置，估计其在下一帧图像中的位置。如图 7-1 所示，已知白色耳机盒中心（图中的圆点）在第 $t$ 帧图像中的位置为 $(x, y)$，目标跟踪就是要通过计算估计该中心点在第 $t+1$ 帧图像中的位置 $(x', y')$。

$t$帧　　　　　　　　　　　　　　　　　　$t+1$帧

图 7-1　目标跟踪示例

实际上，耳机盒中心在第 $t+1$ 帧中的位置也可以通过目标检测得到。在图 7-1 所示的简单环境中跟踪单一目标，确实可以通过对每一帧图像进行目标检测来获得目标的位置，达到目标跟踪的效果。但是，在实际应用中用目标检测来进行目标跟踪常常是不可行的。

- 我们常常会进行多目标的跟踪，利用目标检测会得到多个目标的矩形框，这些矩形框在连续帧中的顺序可能不相同，这就需要对连续两帧图像上的矩形框进行匹配，找出哪些矩形框属于同一目标。即使是进行单一目标跟踪，当图像中出现其他类似目标的物体时，目标检测的结果也可能有多个矩形框，仍需要进行矩形框的匹配。
- 目标在运动过程中可能会被遮挡，其形态、方向等可能发生较大的变化，这时目标检测就会失败，无法定位目标位置。
- 目标检测需要在整幅图像上进行搜索，而目标跟踪只需要在当前帧中围绕目标在上一帧中位置的小区域范围进行搜索。目标跟踪的速度通常比目标检测的快。

在实际应用中目标跟踪和目标检测常常联合起来使用，用目标检测来辅助目标跟踪。

## 7.2 目标跟踪算法

目标跟踪算法同其他图像算法、计算机视觉算法类似，也经历了从传统算法到基于深度学习的算法的发展过程。传统的目标跟踪算法有 MeanShift、光流、Kalman 滤波等，而 GOTURN、SiamBAN、LightTrack 等都是基于深度学习的目标跟踪算法。OpenCV 提供了基于传统算法和基于深度学习的算法的目标跟踪实现，下面我们进行简要介绍。

### 7.2.1 MeanShift 和 CAMshift

MeanShift（均值漂移）是一种基于密度的非参数聚类算法。MeanShift 用于目标跟踪的基本思想很简单，我们可以用图 7-2 来解释。

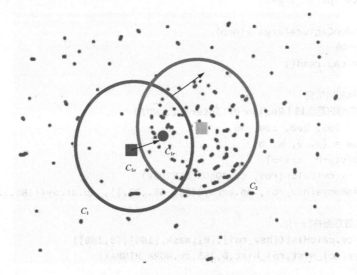

图 7-2 MeanShift 目标跟踪原理

圆圈 $C_1$ 是初始窗口，为目标在上一帧图像中的位置，小方块 $C_{1o}$ 代表 $C_1$ 的几何中心，通过计算可以得到 $C_1$ 的质心实际位于小圆点 $C_{1r}$ 处。移动 $C_1$，使得 $C_1$ 的几何中心位于 $C_{1r}$ 的位置。之后再次计算 $C_1$ 的质心，然后移动 $C_1$ 使其几何中心位于新得出的这个质心。重复这个过程直到 $C_1$ 的几何中心和质心重合（或者非常接近）为止，图 7-2 中的圆圈 $C_2$ 就为 $C_1$ 的最终位置，这个位置也就是目标在当前帧图像中的位置。MeanShift 其实是将窗口移至"密度"最大的区域，这个密度可以理解为目标的特征图。OpenCV 提供了 MeanShift 的实现，"密度"使用的是目标直方图的反向投影图。

OpenCV 提供了 MeanShift 函数：

```
retval, window = cv.meanShift(probImage, window, criteria)
```

其中的主要参数介绍如下。

● `probImage`：目标直方图的反向投影图。

- window：目标的初始窗口位置。
- criteria：迭代搜索停止条件。
- retval：函数返回值。
- window：目标的新位置。

下面是一个用 MeanShift 跟踪视频中一个目标车辆的例子。

```python
import numpy as np
import cv2 as cv
import argparse

parser = argparse.ArgumentParser(description='meanshift 算法演示。视频文件可以从:\
        https://www.bogotobogo.com/python/OpenCV_Python/images/mean_shift_tracking
        /slow_traffic_small.mp4 下载.')
parser.add_argument('--video', type=str, default='slow_traffic_small.mp4',
                    help='视频文件路径')
args = parser.parse_args()

cap = cv.VideoCapture(args.video)
# 读入视频第一帧
ret,frame = cap.read()

# 手动设置目标初始位置
# 设定要跟踪的感兴趣区域（Region of Interest, ROI）
x, y, w, h = 300, 200, 100, 50
track_window = (x, y, w, h)
roi = frame[y:y+h, x:x+w]
hsv_roi =  cv.cvtColor(roi, cv.COLOR_BGR2HSV)
mask = cv.inRange(hsv_roi, np.array((0., 60.,32.)), np.array((180.,255.,255.)))

# 计算 ROI 的直方图并归一化
roi_hist = cv.calcHist([hsv_roi],[0],mask,[180],[0,180])
cv.normalize(roi_hist,roi_hist,0,255,cv.NORM_MINMAX)

# 设定迭代搜索停止条件。此处为 10 次迭代或移动小于 1 个像素点即停止
term_crit = (cv.TERM_CRITERIA_EPS | cv.TERM_CRITERIA_COUNT, 10, 1)

# MeanShift 跟踪
while(1):
    ret, frame = cap.read()
    if ret == True:
        hsv = cv.cvtColor(frame, cv.COLOR_BGR2HSV)
        # 计算反向投影图
        dst = cv.calcBackProject([hsv],[0],roi_hist,[0,180],1)

        # 在反向投影图上应用 MeanShift 获得目标的新位置
        ret, track_window = cv.meanShift(dst, track_window, term_crit)

        # 将结果绘制在图像上
        x,y,w,h = track_window
        img2 = cv.rectangle(frame, (x,y), (x+w,y+h), 255,2)
```

```
        cv.imshow('Meanshift',img2)
        k = cv.waitKey(30) & 0xff
        if k == 27:
            break
    else:
        break
```

上述目标跟踪代码首先在图中选取了一个矩形区域作为要跟踪的目标车辆的初始位置，计算获得目标车辆的直方图。然后根据目标直方图计算下一帧图像的反向投影图，之后在反向投影图上应用 MeanShift 计算目标的新位置。图 7-3 展示了其中 3 帧图像的跟踪结果（目标矩形框）。

上面的跟踪结果存在一个问题，目标车辆由远及近驶向摄像头，它在画面中的面积在逐渐变大，但是矩形框的大小却始终保持不变，以至于后面矩形框已经不能将目标包含于其中。我们需要矩形框随目标大小而变化，OpenCV 提供了一种解决方法——CAMshift（Continuously Adaptive Meanshift），它是由 Gary Bradsky（加雷·布拉德斯基）于 1998 年在论文 *Computer Vision Face Tracking for Use in a Perceptual Interface* 中提出来的。CAMshift 跟踪的目标矩形框的大小和方向会根据目标的变化而变化，具体的算法原理请参考上述论文。

图 7-3 MeanShift 目标跟踪示例

OpenCV 提供了 CAMshift 的实现：

```
retval, window = cv.CamShift(probImage, window, criteria)
```

其中的主要参数介绍如下。

- probImage：目标直方图的反向投影图。
- window：目标的初始窗口位置。
- criteria：迭代搜索停止条件。
- retval：函数返回值。
- window：目标的新位置，矩形框的大小和方向根据目标的变化而变化。

如果跟踪上面的 MeanShift 应用示例使用的视频中的同一个目标车辆，CAMshift 算法的实现代码如下：

```
import numpy as np
import cv2 as cv
import argparse

parser = argparse.ArgumentParser(description='camshift 算法演示。视频文件可以从：\
```

```
            https://www.bogotobogo.com/python/OpenCV_Python/images/mean_shift_tracking/
            slow_traffic_small.mp4 下载')
parser.add_argument('--video', type=str, default='slow_traffic_small.mp4',
                    help='视频文件路径')
args = parser.parse_args()

cap = cv.VideoCapture(args.video)
# 读入视频第一帧
ret,frame = cap.read()

# 手动设置目标初始位置
# 设定要跟踪的 ROI
x, y, w, h = 300, 200, 100, 50
track_window = (x, y, w, h)
roi = frame[y:y+h, x:x+w]
hsv_roi =  cv.cvtColor(roi, cv.COLOR_BGR2HSV)
mask = cv.inRange(hsv_roi, np.array((0., 60.,32.)), np.array((180.,255.,255.)))

# 计算 ROI 的直方图并归一化
roi_hist = cv.calcHist([hsv_roi],[0],mask,[180],[0,180])
cv.normalize(roi_hist,roi_hist,0,255,cv.NORM_MINMAX)

# 设定迭代搜索停止条件。此处为 10 次迭代或移动小于 1 个像素点即停止
term_crit = ( cv.TERM_CRITERIA_EPS | cv.TERM_CRITERIA_COUNT, 10, 1 )

# CAMshift 跟踪
while(1):
    ret, frame = cap.read()
    if ret == True:
        hsv = cv.cvtColor(frame, cv.COLOR_BGR2HSV)
        # 计算反向投影图
        dst = cv.calcBackProject([hsv],[0],roi_hist,[0,180],1)

        # 对新位置应用 CAMshift 获得目标车辆新位置
        ret, track_window = cv.CamShift(dst, track_window, term_crit)

        # 将结果绘制在图像上
        pts = cv.boxPoints(ret)
        pts = np.int0(pts)
        img2 = cv.polylines(frame,[pts],True, 255,2)
        cv.imshow('Camshift',img2)
        k = cv.waitKey(30) & 0xff
        if k == 27:
            break
    else:
        break
```

与 MeanShift 类似，上面的目标跟踪代码首先在图中选取了一个矩形区域作为要跟踪目标的初始位置，计算获得目标的直方图，然后根据目标直方图计算下一帧图像的反向投影图。不同的是，本示例在反向投影图上应用 CAMshift 计算目标的新位置。其中 3 帧图像的跟踪结果如图 7-4 所示。

图 7-4 CAMshift 目标跟踪示例

可以看到，与 MeanShift 跟踪的结果不同，CAMshift 跟踪的目标矩形框的大小和方向随目标车辆的变化而变化。

## 7.2.2 Tracker 类

opencv 主仓库提供了一个专门用于目标跟踪的抽象类 Tracker，由其派生出 4 个目标跟踪类——TrackerMIL、TrackerGOTURN、TrackerDaSiamRPN 和 TrackerNano，如图 7-5 所示。

类名暗示了其实现的跟踪算法，例如 TrackerMIL 实现的是 MIL（Multiple Instance Learning，多示例学习）跟踪算法。除了 MIL，其余 3 个目标跟踪类实现的跟踪算法都是基于深度学习的，同时都是用于单目标跟踪的算法。TrackerGOTURN 是 OpenCV 的第一个基于深度学习的跟踪算法，它的速度比较快，也不受视角、光线变化和形变的影响，但是不能很好地处理目标被遮挡的情况。TrackerDaSiamRPN、TrackerNano 实现的是 OpenCV 最近新增加的两个跟踪算法。在基于深度学习的单目标跟踪算法中，基于 SiamFC（Siamese Fully-Convolutional，全卷积孪生）的算法占据了半壁江山，DaSiamRPN（Distractor-aware Siamese Region Proposal Networks，干扰物感知的孪生区域候选网络）就是其中一个。但是 DaSiamRPN 在速度上不占优势，模型也比较大，于是 OpenCV 又引入了更加轻量和快速的算法 NanoTrack。

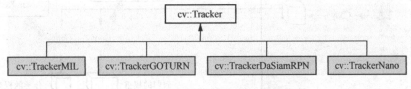

图 7-5 opencv 主仓库中的目标跟踪类

实际上较早版本的 OpenCV 提供了更多的目标跟踪算法，如图 7-6 所示。这些算法由于比较陈旧已经满足不了现在的实际应用，所以它们不再从 opencv 主仓库中的 Tracker 类派生，而是继承于 opencv_contrib 仓库中的目标跟踪抽象类 Tracker。

在 opencv_contrib 目标跟踪类实现的算法中，Boosting 算法比较陈旧且跟踪效果一般，也不能判断跟踪是否失败。KCF（Kernelized Correlation Filter，核相关滤波器）速度比 MIL 快，准确率比 MIL 高，可以发现跟踪失败的情况，但是它不能处理目标被完全遮挡的情况。TLD（Tracking-Learning-Detection，跟踪—学习—检测）的优势在于，在目标物体在多帧图像都存在遮挡和目标物体的尺度变化比较大的情况下都可以进行较好的跟踪，但是 TLD 得到的跟踪结果假阳性的比较多。MedianFlow 可以判断跟踪是否失败，在目标无遮挡和运动可预测时跟踪效果很好，但是目标运动比较大时会跟踪失败。MOSSE（Minimum Output Sum of Squared Error filter，最小输出平方和误差滤波器）的运行速度很快，可以判断目标是否被遮挡，当目标不被遮挡，即再出现时可以继续跟踪目标。CSRT（Channel and Spatial Reliability Tracking，通道和空间可靠性跟踪）的运行速度比较慢，但是跟踪比 MOSSE 更准确。

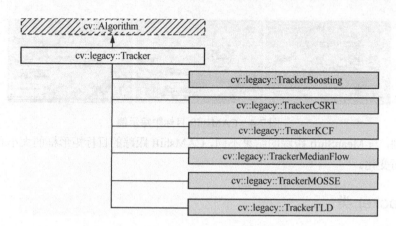

图 7-6  opencv_contrib 仓库中的目标跟踪类

下面我们来介绍一下 opencv 主仓库中 Tracker 类的两个基于深度学习的目标跟踪算法 DaSiamRPN 和 NanoTrack。

## 7.2.3  DaSiamRPN

DaSiamRPN 单目标跟踪算法是典型的基于 SiamFC 的深度学习算法，具体算法介绍请参考论文 *Distractor-aware Siamese Networks for Visual Object Tracking*。图 7-7 是 DaSiamRPN 的推理过程，其中涉及 3 个模型：siamRPN、siamKernelCL1 和 siamKernelR1。

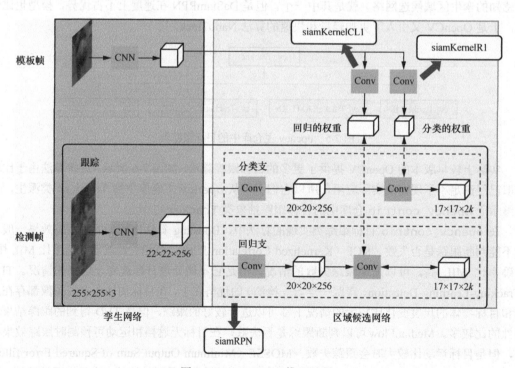

图 7-7  DaSiamRPN 推理过程

siamRPN 是主要的模型，每一帧图像均会应用。siamKernelCL1 和 siamKernelR1 两个模型仅在设定目标模板参数时使用。用 OpenCV 的 TrackerDaSiamRPN 类进行目标跟踪，主要涉及以下几个成员函数。

创建 TrackerDaSiamRPN 类对象。

```
retval = cv.TrackerDaSiamRPN.create([parameters])
```

其中的主要参数介绍如下。

- parameters：DaSiamRPN 算法参数，包括 backend、kernel_cls1、kernel_r1、model 和 target。backend 和 traget 设定函数运行的后端和硬件；kernel_cls1、kernel_r1 和 model 是算法的 3 个深度学习模型。
- retval：创建的 TrackerDaSiamRPN 类对象。

进行目标跟踪，获得目标位置。

```
isLocated, bbox = cv.TrackerDasiamRPN.update(frame)
```

其中的主要参数介绍如下。

- frame：视频帧。
- bbox：被跟踪目标的矩形框。
- isLocated：是否跟踪到目标。

查看目标的得分。

```
retval = cv.TrackerDasiamRPN.getTrackingScore()
```

其中 retval 表示目标的得分。

下面的代码实现用 TrackerDasiamRPN 类进行目标跟踪（完整代码请参考电子资源 07 中的 dasiamrpn_demo.py）。

```python
from dasiamrpn import DaSiamRPN

if __name__ == '__main__':
    # 初始化 DaSiamRPN，创建 DaSiamRPN 类对象
    model = DaSiamRPN(
        model_path=args.model_path,
        kernel_cls1_path=args.kernel_cls1_path,
        kernel_r1_path=args.kernel_r1_path
    )

    # 获取视频源
    _input = args.input
    if args.input is None:
        device_id = 0
        _input = device_id
    video = cv.VideoCapture(_input)

    # 手动选取一个目标进行跟踪
    has_frame, first_frame = video.read()
    if not has_frame:
        print('No frames grabbed!')
```

```
        exit()
    first_frame_copy = first_frame.copy()
    cv.putText(first_frame_copy, "1. Drag a bounding box to track.", (0, 15),
            cv.FONT_HERSHEY_SIMPLEX, 0.5, (0, 255, 0))
    cv.putText(first_frame_copy, "2. Press ENTER to confirm", (0, 35),
            cv.FONT_HERSHEY_SIMPLEX, 0.5, (0, 255, 0))
    roi = cv.selectROI('DaSiamRPN Demo', first_frame_copy)
    print("Selected ROI: {}".format(roi))

    # 根据手动选取的 ROI 初始化跟踪器
    model.init(first_frame, roi)

    # 逐帧进行目标跟踪
    tm = cv.TickMeter()
    while cv.waitKey(1) < 0:
        has_frame, frame = video.read()
        if not has_frame:
            print('End of video')
            break
        # 模型推理
        tm.start()
        isLocated, bbox, score = model.infer(frame)
        tm.stop()
        # 显示目标跟踪结果
        frame = visualize(frame, bbox, score, isLocated, fps=tm.getFPS())
        cv.imshow('DaSiamRPN Demo', frame)
        tm.reset()
```

　　在上面的示例代码中，首先创建了一个 DaSiamRPN 类的对象 model，注意这个 DaSiamRPN 类并不是 OpenCV 提供的 TrackerDaSiamRPN 类，它的实现在下面的代码中。DaSiamRPN 类的成员变量_model 才是 TrackerDaSiamRPN 的对象。创建了 model 后紧接着打开视频流，然后在视频流的第一帧上用鼠标手动选取需要跟踪的目标，目标位置以矩形框 roi 表示。model.init() 则根据第一帧图像和目标位置初始化跟踪器 model._model。初始化工作完成后，代码就进入目标跟踪过程，而关键的处理是在 model.infer() 中进行的。

　　下面我们来看一下 DaSiamRPN 类中的 infer() 函数。函数中 isLocated, bbox = self._model.update(image) 是根据当前的跟踪器状态，在当前帧中计算被跟踪目标最可能的位置，如果找到则返回目标位置 bbox 并更新跟踪器，同时返回 isLocated 为 True，如果没有找到则 isLocated 为 False。self._model.getTrackingScore() 返回目标跟踪正确的得分。

```
import numpy as np
import cv2 as cv

class DaSiamRPN:
    def __init__(self, model_path, kernel_cls1_path, kernel_r1_path, backend_id=0,
            target_id=0):
        self._model_path = model_path
        self._kernel_cls1_path = kernel_cls1_path
        self._kernel_r1_path = kernel_r1_path
        self._backend_id = backend_id
```

```
            self._target_id = target_id

            self._param = cv.TrackerDaSiamRPN_Params()
            # 设置模型文件路径
            # 这几个模型可以从 OpenCV Zoo 中下载
            self._param.model = self._model_path
            self._param.kernel_cls1 = self._kernel_cls1_path
            self._param.kernel_r1 = self._kernel_r1_path
            # 设定运行硬件设备和后端
            self._param.backend = self._backend_id
            self._param.target = self._target_id
            # 创建 TrackerDaSiamRPN 类对象
            self._model = cv.TrackerDaSiamRPN.create(self._param)

    @property
    def name(self):
        return self.__class__.__name__

    def setBackend(self, backend_id):
        self._backend_id = backend_id
        self._param = cv.TrackerDaSiamRPN_Params()
        self._param.model = self._model_path
        self._param.kernel_cls1 = self._kernel_cls1_path
        self._param.kernel_r1 = self._kernel_r1_path
        self._param.backend = self._backend_id
        self._param.target = self._target_id
        self._model = cv.TrackerDaSiamRPN.create(self._param)

    def setTarget(self, target_id):
        self._target_id = target_id
        self._param = cv.TrackerDaSiamRPN_Params()
        self._param.model = self._model_path
        self._param.kernel_cls1 = self._kernel_cls1_path
        self._param.kernel_r1 = self._kernel_r1_path
        self._param.backend = self._backend_id
        self._param.target = self._target_id
        self._model = cv.TrackerDaSiamRPN.create(self._param)

    def init(self, image, roi):
        self._model.init(image, roi)

    def infer(self, image):
      # 推理，进行目标跟踪
      isLocated, bbox = self._model.update(image)
      score = self._model.getTrackingScore()
      return isLocated, bbox, score
```

图 7-8 展示了用 DaSiamRPN 跟踪白色耳机盒的几帧视频结果。

图 7-8　DaSiamRPN 跟踪白色耳机盒的几帧视频

## 7.2.4　NanoTrack

NanoTrack 是一款超轻量、快速的基于深度学习的跟踪器，NanoTrack 网络结构如图 7-9 所示，它根据 LightTrack（*LightTrack: Finding Lightweight Neural Networks for Object Tracking via One-Shot Architecture Search*）进行了改进，整个模型的大小仅 1.9MB，在苹果 M1 芯片上的推理速度可以达到 120fps。NanoTrack 有两个模型，一个用于特征提取（backbone），另一个用于进行定位（neckhead）。

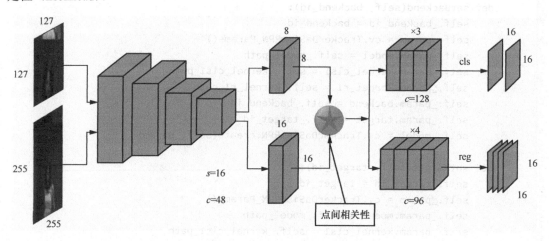

图 7-9　NanoTrack 网络结构

由于都是继承自 Tracker 类，所以与 TrackerDasiamRPN 类似，TrackerNano 类也有如下成员函数。

创建 TrackerNano 类对象。

```
retval = cv.TrackerNano.create([parameters])
```

其中的主要参数介绍如下。

- parameters：NanoTrack 算法参数，包括 backbone 和 neckhead 的文件路径。
- retval：创建的 TrackerNano 类对象。

进行目标跟踪，获得目标物体位置。

```
isLocated, bbox = cv.TrackerNano.update(frame)
```

其中的主要参数介绍如下。

- frame：视频帧。

- bbox：被跟踪目标的矩形框。
- isLocated：是否跟踪到目标。

查看目标的得分。

```
retval = cv.TrackerNano.getTrackingScore()
```

其中 retval 表示目标的得分。

下面的代码展示了如何用 TrackerNano 类进行目标跟踪（参考电子资源 07 中的 tracker.py）。实际上，这段代码实现了用前面介绍的 opencv 主仓库中的 4 个目标跟踪算法进行目标跟踪。感兴趣的读者可以自行测试此段代码，比较这 4 个目标跟踪算法的差异。

```
from __future__ import print_function

import sys

import os
import numpy as np
import cv2 as cv
import argparse

class App(object):

    def __init__(self, args):
        self.args = args
        self.trackerAlgorithm = args.tracker_algo
        self.tracker = self.createTracker()

    # 设置不同目标跟踪算法的参数
    def createTracker(self):
        if self.trackerAlgorithm == 'mil':
            tracker = cv.TrackerMIL_create()
        elif self.trackerAlgorithm == 'goturn':
            params = cv.TrackerGOTURN_Params()
            params.modelTxt = self.args.goturn
            params.modelBin = self.args.goturn_model
            tracker = cv.TrackerGOTURN_create(params)
        elif self.trackerAlgorithm == 'dasiamrpn':
            params = cv.TrackerDaSiamRPN_Params()
            params.model = self.args.dasiamrpn_net
            params.kernel_cls1 = self.args.dasiamrpn_kernel_cls1
            params.kernel_r1 = self.args.dasiamrpn_kernel_r1
            tracker = cv.TrackerDaSiamRPN_create(params)
        elif self.trackerAlgorithm == 'nanotrack':
            params = cv.TrackerNano_Params()
            params.backbone = args.nanotrack_backBone
            params.neckhead = args.nanotrack_headNeck
            tracker = cv.TrackerNano_create(params)
        else:
            sys.exit("Tracker {} is not recognized. Please use one of three available:
                    mil, goturn, dasiamrpn, nanotrack.".format(self.trackerAlgorithm))
```

```
        return tracker

# 初始化跟踪器，手动框选出待跟踪的目标
def initializeTracker(self, image):
    while True:
        print('==> Select object ROI for tracker ...')
        bbox = cv.selectROI('tracking', image)
        print('ROI: {}'.format(bbox))
        if bbox[2] <= 0 or bbox[3] <= 0:
            sys.exit("ROI selection cancelled. Exiting...")

        try:
            self.tracker.init(image, bbox)
        except Exception as e:
            print('Unable to initialize tracker with requested bounding box.
                Is there any object?')
            print(e)
            print('Try again ...')
            continue

        return

# 进行目标跟踪
def run(self):
    if args.input is not None:
        deviceId = args.input
        print('Using video: {}'.format(videoPath))
    else:
        deviceId = 0
        print('Using Camera: {}')

    camera = cv.VideoCapture(deviceId)

    if not camera.isOpened():
        sys.exit("Can't open video stream: {}".format(videoPath))

    ok, image = camera.read()
    if not ok:
        sys.exit("Can't read first frame")
    assert image is not None

    cv.namedWindow('tracking')
    self.initializeTracker(image)

    print("==> Tracking is started. Press 'SPACE' to re-initialize tracker or
        'ESC' for exit...")
    tm = cv.TickMeter()
    while camera.isOpened():
        ok, image = camera.read()
        if not ok:
```

```
                print("Can't read frame")
                break

        tm.start()
        # 目标跟踪
        ok, newbox = self.tracker.update(image)
        tm.stop()
        fps = tm.getFPS()

        if ok:
            cv.rectangle(image, newbox, (200,0,0))

        cv.putText(image, 'FPS: {:.2f}'.format(fps), (0, 15),
                cv.FONT_HERSHEY_SIMPLEX, 0.5, (0, 255, 0))
        tm.reset()

        cv.imshow("tracking", image)
        k = cv.waitKey(1)
        if k == 32:  # 空格键
            self.initializeTracker(image)
        if k == 27:  # ESC
            break

    print('Done')


if __name__ == '__main__':
    print(__doc__)
    parser = argparse.ArgumentParser(description="Run tracker")
    parser.add_argument("--input", type=str, help="Path to video source")
    parser.add_argument("--tracker_algo", type=str, default="nanotrack",
        help="One of available tracking algorithms: mil, goturn, dasiamrpn, nano track")
    parser.add_argument("--goturn", type=str, default=" goturn.prototxt",
        help="Path to GOTURN architecture")
    parser.add_argument("--goturn_model", type=str,default="goturn.caffemodel",
        help="Path to GOTERN model")
    parser.add_argument("--dasiamrpn_net", type=str, default=" dasiamrpn_model.onnx",
        help="Path to onnx model of DaSiamRPN net")
    parser.add_argument("--dasiamrpn_kernel_r1", type=str, default="dasiamrpn_kernel_r1.onnx",
        help="Path to onnx model of DaSiamRPN kernel_r1")
    parser.add_argument("--dasiamrpn_kernel_cls1", type=str, default=" dasiamrpn_kernel
        _cls1.onnx", help="Path to onnx model of DaSiamRPN kernel_cls1")
    parser.add_argument("--nanotrack_backBone", type=str, default=" nanotrack_backbone
        _sim.onnx", help="Path to onnx model of NanoTrack backBone")
    parser.add_argument("--nanotrack_headNeck", type=str, default=" nanotrack_head
        _sim.onnx", help="Path to onnx model of NanoTrack headNeck")
    args = parser.parse_args()
    App(args).run()
    cv.destroyAllWindows()
```

# 第8章

# 文本识别应用

广义的文本识别是指对输入的图像进行分析处理，识别出图像中的文字信息，这里的图像可以是传统的文档图像，也可以是现实世界的场景图像。对文档图像进行文本识别就是我们通常说的光学字符识别（Optical Character Recognition，OCR），对场景图像的文本识别则称为场景文本识别（Scene Text Recognition，STR），场景文本识别可以看作特殊的 OCR。文本识别具有广泛的应用场景，目前在现实生活中已有多处应用，如车牌识别、路牌识别、从身份证图像或银行卡图像中提取卡面信息等。

## 8.1 文本识别简介

通常来说，无论是传统方法还是基于深度学习的方法，完整的文本识别流程都由文本检测和文本识别两个阶段串联组成，如图 8-1 所示。文本检测是在图像/视频帧中寻找出文字区域，然后用边界框（通常是四边形）将单词或文本行标识出来；文本识别则是对此文字区域进行分析，然后获得文字信息。

图 8-1　文本识别流程

如图 8-2 所示，箭头左侧是某书的封面图片，箭头右侧是对左侧图片进行文本识别后的结果。四边形框是文本检测定位出的文字区域，四边形框上方的文字则是对该文本区域进行文本识别得到的文字。

随着深度学习逐渐成为计算机视觉领域的主流方法，研究人员也开始尝试端到端的文本识别，即将图像/视频帧输入文本识别模型，然后直接一步获得文本位置和信息，而不用经过文本检测和文本识别两个阶段，如图 8-3 所示。

图 8-2　文本识别示例

图像/视频帧　➡　文本识别模型　➡　文本位置和信息

图 8-3　端到端的文本识别

## 8.2　文本检测

### 8.2.1　传统的文本检测

传统的文本检测大多是基于手工设计的特征进行的，SWT（Stroke Width Transform，笔画宽度变换）和 MSER（Maximally Stable Extremal Regions，最大稳定极值区域）是常用的两种算法。SWT 算法假设图像中的文本都是具有一致宽度的线条，对具体算法感兴趣的读者可以参考相关资料。MSER 算法主要是基于分水岭思想对图像进行区域检测。MSER 算法先根据阈值，对灰度图像从 0 到 255 依次进行递增二值化处理，得到的二值化图像会先呈现全白状态，然后图像出现小黑点，黑色区域逐渐增大，这些黑色区域最终会连通融合，直到整个图像变成黑色。在所有二值化图像中，某些连通区域面积变化很小，甚至没有变化，这种区域就是最大稳定极值区域，即可能的文本区域。最后再根据人工规则从这些区域中筛选出最终的文本区域。

OpenCV 提供了 MSER 类，我们可以直接调用函数进行基于最大稳定极值区域的文本检测。首先创建 MSER 类对象。

```
retval = cv.MSER.create([delta[, min_area[, max_area[, max_variation[, min_diversity[,
        max_evolution[, area_threshold[, min_margin[, edge_blur_size]]]]]]]]])
```

其中的主要参数介绍如下。

● delta：用于判断稳定区域的灰度阈值变化量，即区域面积变化率公式（$(\text{Size}_i\text{-}\text{Size}_{i\text{-}delta})/\text{Size}_{i\text{-}delta}$）中的 delta，默认值为 5。

- min_area：区域最小面积的阈值，默认值为 60。
- max_area：区域最大面积的阈值，默认值为 14400。
- max_variation：区域最大变化率的阈值，默认值为 0.25。
- retval：创建的 MSER 对象。

此外，min_diversity、max_evolution、area_threshold、min_margin 和 edge_blur_size 是针对函数输入为彩色图像时的参数，此时函数内部实现的是 MSCR（Maximally Stable Colour Regions，最大稳定颜色区域）算法，这里不再展开介绍。

然后调用 cv.MSER.detectRegions() 检测 MSER 区域。

```
msers, bboxes = cv.MSER.detectRegions(image)
```

其中的主要参数介绍如下。

- image：输入图像，数据类型为 cv.8UC1、cv.8UC3 或 cv.8UC4，且图像大小不小于 3×3。
- msers：计算出的结果点集列表。其中每个元素都表示一个区域，每个区域为该区域所有像素点的坐标集合。
- bboxes：计算出的结果矩形框，每一行表示一个区域。

下面一段代码展示了如何使用 MSER 类对摄像头视频流进行文本检测。

```python
import cv2 as cv
import numpy as np

# 极大值抑制
def nms(boxes, overlapThresh):
    if len(boxes) == 0:
        return []

    if boxes.dtype.kind == "i":
        boxes = boxes.astype("float")

    pick = []

    # 取 4 个坐标数组
    x1 = boxes[:, 0]
    y1 = boxes[:, 1]
    x2 = boxes[:, 2]
    y2 = boxes[:, 3]

    # 计算面积数组
    area = (x2 - x1 + 1) * (y2 - y1 + 1)

    # 按得分排序（如没有置信度得分，可按坐标值从小到大排序，如右下角坐标）
    idxs = np.argsort(y2)

    # 开始遍历，并删除重复的框
    while len(idxs) > 0:
        # 将最右下方的框放入 pick 数组
        last = len(idxs) - 1
        i = idxs[last]
```

```
        pick.append(i)

        # 找剩下的框中的最大坐标值和最小坐标值
        xx1 = np.maximum(x1[i], x1[idxs[:last]])
        yy1 = np.maximum(y1[i], y1[idxs[:last]])
        xx2 = np.minimum(x2[i], x2[idxs[:last]])
        yy2 = np.minimum(y2[i], y2[idxs[:last]])

        # 计算重叠面积占对应框的比例，即 IoU（Intersection over Union，交并比）
        w = np.maximum(0, xx2 - xx1 + 1)
        h = np.maximum(0, yy2 - yy1 + 1)
        overlap = (w * h) / area[idxs[:last]]

        # 如果 IoU 大于指定阈值，则删除
        idxs = np.delete(idxs, np.concatenate(([last],
                np.where(overlap > overlapThresh)[0])))

    return boxes[pick].astype("int")

def mser(image):
    img_gray = cv.cvtColor(image, cv.COLOR_BGR2GRAY)

    mser = cv.MSER.create()
    regions, _ = mser.detectRegions(img_gray)

    hulls = [cv.convexHull(p.reshape(-1, 1, 2)) for p in regions]
    # 绘制不规则轮廓
    #cv.polylines(image, hulls, 1, (255, 255, 0))

    keep = []
    for hull in hulls:
        x, y, w, h = cv.boundingRect(hull)
        keep.append([x, y, x + w, y + h])
        # 绘制矩形框
        #cv2.rectangle(image, (x, y), (x + w, y + h), (255, 0, 0), 1)

    boxes = nms(np.array(keep), 0.4)
    for box in boxes:
        # 绘制极大值抑制后的矩形框
        cv.rectangle(image, (box[0], box[1]), (box[2], box[3]), (0, 255, 0), 1)

def main():
    # 打开摄像头
    cap = cv.VideoCapture(0)
    if not cap.isOpened():
        print('Failed to open camera.')
        exit(0)

    while cv.waitKey(1) < 0:
        hasFrame, frame = cap.read()
        if not hasFrame:
```

```
            print('Failed to read frame.')
            break

        mser(frame)
        cv.imshow("Regions", frame)

    cap.release()
    cv.destroyAllWindows()

if __name__ == '__main__':
    main()
```

图8-4展示了该文本检测示例的一帧结果，方框内为检测出的文本区域。MSER经常用于场景文本检测的前期阶段，用它来产生尽可能多的候选文字框。

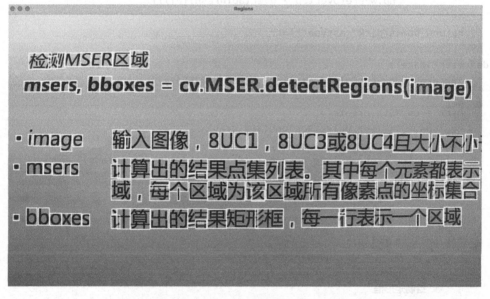

图8-4 基于MSER的文本检测示例的一帧结果

## 8.2.2 基于深度学习的文本检测

基于深度学习的文本检测算法主要分为基于回归的文本检测算法和基于分割的文本检测算法两种。基于回归的文本检测算法是根据设置的固定参考框（anchor）产生一系列候选边界框，然后进行筛选、调整、极大值抑制后得到最终的文本区域边界框，TextBoxes++（*TextBoxes++: A Single-Shot Oriented Scene Text Detector*）、EAST（*EAST: An Efficient and Accurate Scene Text Detector*）文本检测算法都是基于回归的。基于分割的文本检测算法包括像素级别的分割和文本片段级别的分割。像素级别的分割是通过深度网络对图像中的每个像素点进行文本和非文本的分类，然后通过后处理将同一文本的像素点聚合在一起得到文本边界框，DB（*Real-time Scene Text Detection with Differentiable Binarization*）文本检测算法便是基于分割的。

OpenCV提供了便捷的函数用于进行基于深度学习的文本检测。除了使用通用的DNN模块的函数 cv.dnn.readNet()和 cv.dnn.Net.forward()进行基于深度学习的文本检测，OpenCV 还提供了专门的文本检测类 TextDetectionModel，并由这个类派生出两个深度模型 EAST 和 DB 的类 TextDetectionModel_EAST 和 TextDetectionModel_DB，如图 8-5 所示。

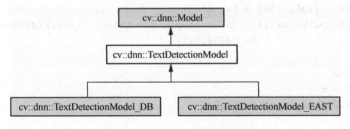

图 8-5  OpenCV 文本检测类

使用 TextDetectionModel_DB 类进行文本检测首先需要创建该类的对象。

```
det = cv.dnn.TextDetectionModel_DB(model)
```

其中的主要参数介绍如下。

● model：文本检测深度学习模型。

● det：TextDetectionModel_DB 类对象。

然后使用 detect()成员函数进行文本检测，此函数包含了模型推理和推理后的后处理过程，用户无须再单独实现后处理，极大地简化了开发过程。

```
detections, confidences = cv.dnn.TextDetectionModel.detect(frame)
```

其中的主要参数介绍如下。

● frame：输入图像。

● detections：文本检测结果。每一个文本结果为一个四边形，用 4 个顶点表示，其顺序为左下、左上、右上、右下。

● confidences：每个检测结果的置信度。

下面的代码演示了如何使用 TextDetectionModel_DB 类对摄像头视频流进行文本检测。

```
import numpy as np
import cv2 as cv


if __name__ == '__main__':

    # 创建文本检测模型类对象
    # 模型可以在OpenCV Model Zoo (https://github.com/opencv/opencv_zoo/tree/master/
                models/text_detection_db）下载
    model = cv.dnn.TextDetectionModel_DB(cv.dnn.readNet('text_detection_DB_IC15_
                                resnet18_2021sep.onnx'))

    # model.setPreferableBackend(cv.dnn.DNN_BACKEND_OPENCV)
    # model.setPreferableTarget(cv.dnn.DNN_TARGET_CPU)

    # 设置相关参数
```

```
model.setBinaryThreshold(0.3)
model.setPolygonThreshold(0.5)
model.setMaxCandidates(200)
model.setUnclipRatio(2.0)
inputSize = [736, 736] # (w, h)
model.setInputParams(1.0/255.0, tuple(inputSize), (122.67891434, 116.66876762,
                    104.00698793))

# 打开摄像头
deviceId = 0
cap = cv.VideoCapture(deviceId)


tm = cv.TickMeter()
while cv.waitKey(1) < 0:
    hasFrame, original_image = cap.read()
    if not hasFrame:
        print('No frames grabbed!')
        break

    original_w = original_image.shape[1]
    original_h = original_image.shape[0]
    scaleHeight = original_h / inputSize[1]
    scaleWidth = original_w / inputSize[0]
    frame = cv.resize(original_image, [inputSize[0], inputSize[1]])

    tm.start()
    # 进行文本检测
    results = model.detect(frame) # 结果是 tuple 结构
    tm.stop()

    # 将结果按比例缩放到原始图像尺度
    for i in range(len(results[0])):
        for j in range(4):
            box = results[0][i][j]
            results[0][i][j][0] = box[0] * scaleWidth
            results[0][i][j][1] = box[1] * scaleHeight

    # 将结果绘制到原始图像并显示
    cv.putText(original_image, 'FPS: {:.2f}'.format(tm.getFPS()), (0, 15),
            cv.FONT_HERSHEY_SIMPLEX, 0.5, (0, 0, 255))
    pts = np.array(results[0])
    cv.polylines(original_image, pts, True, (0, 255, 0), 2)
    cv.imshow('Demo', original_image)

    tm.reset()
```

图 8-6 展示了该文本检测示例的一帧结果，四边形为检测出的文本边界框。

图 8-6 文本检测示例结果

使用 TextDetectionModel_EAST 类进行文本检测可以参考 opencv 主仓库中的 text_detection.py（https://github.com/opencv/opencv/blob/master/samples/dnn/text_detection.py）。

# 8.3 基于深度学习的文本识别

文本识别包括单字符识别和文本行识别。传统的文本识别是对单字符进行识别，常采用 k 近邻方法，这种方法的计算量很大。与传统方法的单字符识别相比，基于深度学习的单字符识别在识别率上有了明显的提高。对于文本行识别，基于深度学习的方法主要有两类：一类是基于 CTC（Connectionist Temporal Classification，连接时序类分类）的方法，如 CRNN（Convolutional Recurrent Neural Network，卷积循环神经网络，*An End-to-End Trainable Neural Network for Image-based Sequence Recognition and Its Application to Scene Text Recognition*）；另一类是基于注意力机制的方法，如 ASTER（*ASTER: An Attentional Scene Text Recognizer with Flexible Rectification*）。

OpenCV 也提供了便捷的函数用于进行基于深度学习的文本识别。除了使用 OpenCV DNN 模块的通用函数 cv.dnn.readNet() 和 cv.dnn.Net.forward() 外，OpenCV 还提供了专门的文本识别类 TextRecognitionModel，目前这个类使用的文本识别方法是 CRNN。

首先需要创建 TextRecognitionModel 类对象。

```
rec = cv.dnn.TextRecognitionModel(model)
```

其中的主要参数介绍如下。

- model：文本识别的深度学习模型。
- rec：TextRecognitionModel 类对象。

再调用 recognize() 成员函数进行文本识别。

```
results = cv.dnn.TextRecognitionModel.recognize(frame)
```

其中的主要参数介绍如下。

- frame：待识别的文本图像。
- results：文本识别结果。

```
results = cv.dnn.TextRecognitionModel.recognize(frame, roiRects)
```

其中的主要参数介绍如下。

- frame：输入图像。
- roiRects：文本检测得到的文字区域。
- results：文本识别结果。

以上两个 recognize()函数的区别在于输入图像：前一个函数的 frame 为已经变换到标准位置的文本区域图像；后一个函数则需要输入 roiRects，即文本区域在 frame 中的坐标，函数内部根据 roiRects 在 frame 中裁剪出文本区域并变换到标准位置后，再进行文本识别。

另外，还需要用以下两个函数设置文本识别所需的词汇表和解码方式。

retval = cv.dnn.TextRecognitionModel.setVocabulary(vocabulary)

其中的主要参数介绍如下。

- vocabulary：与文本识别模型关联的词汇表。
- retval：返回值。

retval = cv.dnn.TextRecognitionModel.setDecodeType(decodeType)

其中的主要参数介绍如下。

- decodeType：将文本识别模型输出转换为字符串的解码方式，目前支持基于 CTC 的文本识别模型中的两种解码方式，可设置为 CTC-greedy 或 CTC-prefix-beam-search。
- retval：返回值。

下面这段代码演示了如何使用 TextRecognitionModel 类对摄像头视频流进行文本识别（完整代码请参考电子资源 08 中的 text_recognition_crnn.py）。

```python
import numpy as np
import cv2 as cv

if __name__ == '__main__':
    # 初始化文本检测类对象
    # 模型可以在 OpenCV Model Zoo 下载
    # 网址为 https://github.com/opencv/opencv_zoo/tree/master/models/text_detection_db
    detector = cv.dnn.TextDetectionModel_DB(cv.dnn.readNet('text_detection_DB_IC15
                                            _resnet18_2021sep.onnx'))
    detector.setBinaryThreshold(0.3)
    detector.setPolygonThreshold(0.5)
    detector.setMaxCandidates(200)
    detector.setUnclipRatio(2.0)
    inputSize_DB = [736, 736] # (w, h)
    detector.setInputParams(1.0/255.0, tuple(inputSize_DB),
                            (122.67891434, 116.66876762, 104.00698793))

    # 初始化文本识别类对象
    # 模型可以在 OpenCV Model Zoo 下载
    # 网址为 https://github.com/opencv/ opencv_zoo/tree/ models/text_recognition_crnn
    recognizer = cv.dnn.TextRecognitionModel('text_recognition_CRNN_EN_2021sep.onnx')
    # 设置相关参数
    inputSize_CRNN = [100, 32] # (w, h)
    recognizer.setInputParams(1.0/127.5, inputSize_CRNN, 127.5)
```

```python
targetVertices = np.array([
        [0, inputSize_CRNN[1] - 1],
        [0, 0],
        [inputSize_CRNN[0] - 1, 0],
        [inputSize_CRNN[0] - 1, inputSize_CRNN[1] - 1]
    ], dtype=np.float32)
# 设置词汇表
charset = ''.join(CHARSET_EN_36.splitlines())
recognizer.setVocabulary(charset)
# 设置解码方式
recognizer.setDecodeType('CTC-greedy')

# 打开摄像头
deviceId = 0
cap = cv.VideoCapture(deviceId)

tm = cv.TickMeter()
while cv.waitKey(1) < 0:
    hasFrame, original_image = cap.read()
    if not hasFrame:
        print('No frames grabbed!')
        break

    original_w = original_image.shape[1]
    original_h = original_image.shape[0]
    scaleHeight = original_h / inputSize_DB[1]
    scaleWidth = original_w / inputSize_DB[0]
    frame = cv.resize(original_image, [inputSize_DB[0], inputSize_DB[1]])

    tm.start()
    # 进行文本检测
    results = detector.detect(frame)
    tm.stop()

    # 输出文本检测速度
    cv.putText(original_image, 'Latency - DB: {:.2f}'.format(tm.getFPS()),
            (0, 15), cv.FONT_HERSHEY_SIMPLEX, 0.5, (0, 0, 255))
    tm.reset()

    # 进行文本识别
    if len(results[0]) and len(results[1]):
        recResults = []
        tm.start()
        for box, score in zip(results[0], results[1]):
            #result = np.hstack((box.reshape(8), score))
            vertices = (box.reshape(8)).reshape((4, 2)).astype(np.float32)
            rotationMatrix = cv.getPerspectiveTransform(vertices, targetVertices)
            cropped = cv.warpPerspective(frame, rotationMatrix, inputSize_CRNN)
            cropped = cv.cvtColor(cropped, cv.COLOR_BGR2GRAY)

            recResult = recognizer.recognize(cropped)
```

```
                      recResults.append(recResult)
            tm.stop()

            # 输出文本识别速度
            cv.putText(original_image, 'Latency - CRNN: {:.2f}'.format(tm.getFPS()),
                    (0, 30), cv.FONT_HERSHEY_SIMPLEX, 0.5, (0, 0, 255))
            tm.reset()

            # 将结果按比例缩放到原始图像尺度
            for i in range(len(results[0])):
                for j in range(4):
                    box = results[0][i][j]
                    results[0][i][j][0] = box[0] * scaleWidth
                    results[0][i][j][1] = box[1] * scaleHeight

            # 将结果绘制到原始图像
            pts = np.array(results[0])
            # 绘制文本框
            cv.polylines(original_image, pts, True, (0, 255, 0), 2)
            for box, text in zip(results[0], recResults):
                # 绘制文本
                cv.putText(original_image, text, (box[1].astype(np.int32)),
                        cv.FONT_HERSHEY_SIMPLEX, 0.5, (0, 0, 255))

        # 显示文本识别结果
        cv.imshow('Demo', original_image)
```

图 8-7 展示了该文本识别示例的一帧结果，四边形为检测的文本边界框，文本边界框左上角的文字为识别出的对应文本边界框内的文字内容。

图 8-7  文本识别示例的一帧结果

# 第9章

# 条形码与二维码识别应用

我们在超市结账时，收银员拿一个小工具对着商品包装上的条码"滴"一下，商品的价格就立马显示出来，然后我们打开支付二维码，对准收银台上的另一个小设备，又是"滴"的一声，钱就付完了。类似的条码和二维码在生活中的应用场景很多。这两个码到底是什么呢？本章将对其进行介绍，并介绍如何用 OpenCV 实现对这些码的识别。

## 9.1 条形码简介

条形码是用可视化的、机器可读的图像形式来表示信息。最初的条形码是将宽度不等且平行的多个黑条（"条"）和空白（"空"）按一定规则排列，来表达商品名称、价格、邮件起止地点等信息，如图 9-1 所示，这种条形码是一维的。后来条形码还使用矩形、点、六边形和其他模式，如图 9-2 所示，这样的条形码称为矩阵码或二维条形码。二维条形码能表达的信息量比一维条形码大，而且尺寸相对较小。后文将一维条形码简称为"条形码"，将二维条形码简称为"二维码"，由于可靠性强、读取速度快、成本低、易制作、易操作，它们在很多领域得到了广泛应用。

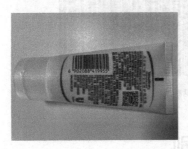

图 9-1  条形码示例

条形码的条和空按照一定的编码规则平行排列，根据编码规则的不同，条形码分为不同的类型，常见的类型包括 Code 39、Code 128、EAN-8、EAN-13、ISSN、ISBN、UPC(A)、UPC(E)等。我们以 EAN-13 类型的条形码为例，它由左侧空白区、起始符、左侧数据符、中间分隔符、右侧数据符、校验符、终止符、右侧空白区、前置码和底部供人识别的字符组成，如图 9-3 所示。关于这些区域、符号的详细结构和含义，感兴趣的读者可以参考条形码相关文献。

图 9-2  二维条形码示例

图 9-3 EAN-13 类型条形码结构

条形码的每个数据字符由 2 个条和 2 个空构成，每一个条或空由 1~4 个单位宽度组成，每一个条形码数据字符的总宽度为 7 个单位，如图 9-4 所示。1 个单位宽度的条用二进制 "1" 表示，1 个单位宽度的空用二进制 "0" 表示，以特定的编码规则，将这 7 个单位宽度对应的 7 位二进制数编码为 0~9 的字符。条形码的识别就是用机器将这些条和空编码的信息解码出来，得到其底部标识的数据字符，然后用计算机系统进行数据处理后得到条形码表示的信息。

图 9-4 条形码数据字符结构

## 9.2 OpenCV 中的条形码识别

条形码识别的主要流程如图 9-5 所示，首先检测定位图像中的条形码，然后对检测出的条形码进行解码，得到条形码信息。

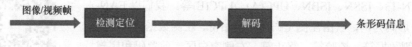

图 9-5 条形码识别的主要流程

opencv 主仓库提供了专门用于条形码识别的类 BarcodeDetector（早前位于 opencv_

contrib 仓库，自 2023 年 6 月发布的 4.8.0 版本开始移入 opencv 主仓库），可用于条形码检测定位，以及对 EAN-8、EAN-13 和 UPC(A)这 3 种类型条形码的解码。BarcodeDetector 类的用法如下。

首先创建 BarcodeDetector 类对象。

```
detector = cv.barcode.BarcodeDetector([prototxt_path, model_path])
```

其中的主要参数介绍如下。

- prototxt_path：超分辨率模型的 prototxt 文件，在条形码解码阶段可能用到。
- model_path：超分辨率模型的模型参数文件，在条形码解码阶段可能用到。
- detector：创建的对象。

然后调用成员函数 detectAndDecodeWithType()完成条形码的检测定位和解码。

```
retval, decoded_info, decoded_type, points = detector.detectAndDecodeWithType(image)
```

其中的主要参数介绍如下。

- image：条形码图像。
- retval：返回值。
- decoded_info：解码出来的条形码信息。
- decoded_type：条形码的类型，目前只支持 EAN-8、EAN-13 和 UPC(A)这 3 种类型的条形码的解码。
- points：条形码的 4 个顶点的位置。如果图像中有 $n$ 个条形码，points 的大小为[n][4]，顶点的存放顺序为左下顶点、左上顶点、右上顶点、右下顶点。

下面先介绍条形码识别类 BarcodeDetector 的具体算法，然后介绍一个完整的条形码识别示例。

## 9.2.1 条形码检测

条形码图像有以下两个重要特点。

- 条形码区域内的条、空是平行排列的，方向趋于一致。
- 为了保证条形码的可识别性，制作时条、空之间有较大的反射率差，因此条码区域内的灰度对比较大，边缘信息丰富。

BarcodeDetector 类使用了基于方向一致性的定位算法来检测定位图像中的条形码，检测定位算法流程如图 9-6 所示。

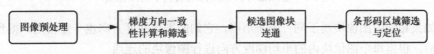

图 9-6 条形码检测定位算法流程

（1）把图像分块，计算每个图像块内梯度方向的一致性。条形码区域的图像块梯度方向趋于一致，因此可以滤除方向一致性低的图像块，图 9-7 中的白色矩形框代表筛选后剩下的图像块。

图 9-7　滤除方向一致性低的图像块后剩下的图像块

（2）包含条形码区域的图像块是连续存在的。对（1）中剩下的图像块进行腐蚀操作，滤除属于背景的不连续的部分图像块，图 9-8 中的白色矩形框代表滤除部分背景图像块后剩下的图像块。

图 9-8　滤除部分背景图像块后剩下的图像块

（3）如果相邻的图像块属于同一个条形码，它们的平均梯度方向也一定相同。得到（2）中的图像块后，根据每个图像块内的平均梯度方向进行图像块的连通。

（4）根据条形码的其他特性，如连通区域内梯度大于阈值的点的比例、组成连通区域的图像块的数量等，再对（3）中得到的连通区域进行筛选。

（5）对于（4）中得到的连通区域，用最小外接矩形去拟合每个连通区域，如图 9-9 所示。

图 9-9 拟合连通区域的最小外接矩形

计算外接矩形的方向是否和连通区域的平均梯度方向一致,滤除方向差异较大的连通区域。将平均梯度方向作为矩形的方向,并将矩形作为最终的条形码定位框,如图 9-10 所示。

图 9-10 最终的条形码定位框

需要注意,条形码在不同图像中的大小不一定相同。为了检测出占图像面积不同比例的条形码,需要尝试对图像进行不同尺度的分块,然后对每个尺度分块进行上述检测定位过程,如图 9-11 所示。

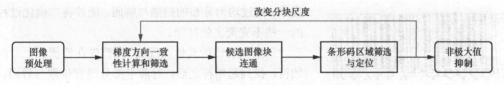

图 9-11 检测占图像面积不同比例的条形码的过程

最后通过非极大值抑制算法来筛掉重复候选框，如图9-12所示。

图9-12 筛掉重复候选框

## 9.2.2 条形码解码

对于条形码解码，`BarcodeDetector` 类使用了基于模板匹配的解码方法，主要流程如图9-13所示。

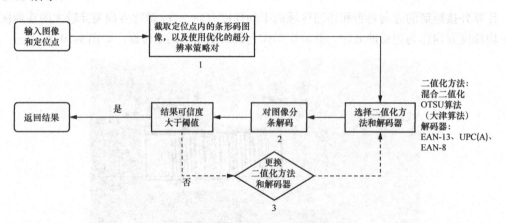

图9-13 条形码解码的主要流程

（1）根据条形码的定位点裁剪出条形码的图像。如果条形码尺寸很小，则将条形码进行基于深度学习的超分辨率放大，否则不用进行放大。

（2）解码算法的核心是基于条形码编码方式的向量距离计算。因为条形码的编码格式为固定的几个条和空，所以可以在约定好条与空的间隔之后，将固定的条与空读取为一个向量，与约定好的编码格式匹配，取匹配程度最高的编码为结果。

（3）在解码步骤中，解码的单位为一条线。由于噪点、条与空粘连等干扰，单一一条线的条形码的解码结果存在较大的不确定性。算法加入了对多条线的解码，如图9-14所示。对条形码图像从中部向两端进行多次等间距扫描（如图9-14中直线所示），然后对每条线进行解码，再投票。通过均匀分布的扫描与解码，能够将二值化过程中的一些不完美之处抹除。

条形码解码的具体实现如下：首先在检测线上寻找起始符，找到起始符之后，对前半部分进行读取与解码；然后寻找中间分隔符，对后半部分进行读取与解码；接着寻

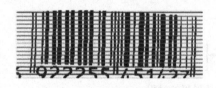

图9-14 对多条线进行解码

找终止符，并对整个条形码进行首位生成与校验（此处以 EAN-13 格式举例，不同格式不尽相同）；最后，每条线都会存在一个解码结果，对这些解码结果进行投票，只返回得票数最高且得票率超过 50%的结果。这一部分算法基于 ZXing 的算法实现做了一些改进（投票等），ZXing 是一个开源的条形码识别库。图 9-13 中的"更换二值化方法和解码器"指的是如果对图像分条解码失败，则重新选取二值化方法和解码器，再对图像进行解码。

## 9.2.3 条形码识别示例

下面的代码演示了如何使用 BarcodeDetector 类进行条形码识别。

```python
import cv2 as cv
import numpy as np


def main():

    device_id = 0
    cap = cv.VideoCapture(device_id)
    if not cap.isOpened():
        print('Failed to open camera.')
        exit(0)

    # 超分辨率模型文件
    # 可以从 https://github.com/WeChatCV/opencv_3rdparty/tree/wechat_qrcode 下载
    sr_prototxt = 'sr.prototxt'
    sr_model = 'sr.caffemodel'
    # 创建类对象
    bar_det = cv.barcode.BarcodeDetector(sr_prototxt, sr_model)

    # 有按键按下即退出循环
    while cv.waitKey(1) < 0:
        hasFrame, frame = cap.read()
        if not hasFrame:
            print('Failed to grab frame.')
            break

        # 转换为灰度图像
        grey_frame = cv.cvtColor(frame, cv.COLOR_BGR2GRAY)

        # 条形码检测和解码
        retval, decode_info, decode_type, corners = bar_det.detectAndDecodeWithType
                                                            (grey_frame)

        # 绘制结果
        if corners is not None:
            # 在图像上绘制条形码位置（矩形框）
            corners = corners.astype(np.int32)
            cv.drawContours(frame, corners, -1, (0,255,0), 3)
```

```
# 在终端输出条形码表示的信息
if decode_info is not None:
    for idx in range(corners.shape[0]):
        if len(decode_info) > idx:
            print('Barcode{}, Type: {}, Info: {}'.format(idx,
                decode_type[idx], decode_info[idx]))
        else:
            print('Failed to decode barcode {}.'.format(idx))
    else:
        print('Failed to decode.')

    cv.imshow('Barcode', frame)

cap.release()
cv.destroyAllWindows()


if __name__ == '__main__':
    main()
```

条形码识别示例的结果如图 9-15 所示。

```
Barcode0, Type: 2, Info: 6914068037509
Barcode0, Type: 2, Info: 6914068037509
Barcode0, Type: 2, Info: 6914068037509
Barcode0, Type: 2, Info: 6914068037509
```

图 9-15　条形码识别示例的结果

# 9.3　二维码简介

前面介绍过二维码其实是条形码的一种，只是它不再以条状来表示，而是使用矩形、点、六边形等模式来表示。一维条形码只能在一个方向存储信息（一般为水平方向），二维码可以在水平方向和竖直方向存储信息，所以比一维条形码表达的信息更多。一维条形码只能表达由数字和字母组成的信息，二维码则能存储汉字、数字和图片等信息，因此二维码的应用领域要广泛得多。

二维码可以分为行排式二维码和矩阵式二维码。行排式二维码建立在一维条形码基础之上，由多行一维条形码堆积而成，如图 9-16 所示。常见的行排式二维码有 Code 16K、Code 49、PDF417、MicroPDF417 等。矩阵式二维码则以矩阵的形式来表达信息，如图 9-17 所示。在矩阵的相应元素位置上用"点"表示二进制"1"，用"空"表示二进制"0"，"点"和"空"的排列组成二维码。常见的矩阵式二维码有 Code One、MaxiCode、QR Code（QR 码）、Data Matrix、Han Xin Code、Grid Matrix 等。

图 9-16  行排式二维码                图 9-17  矩阵式二维码

　　我们在日常生活中广泛使用二维码，比如支付码、微信二维码等属于 QR 码。QR 码的英文全称为 Quick Response Code，即快速响应矩阵图码，它在 1994 年由日本电装公司的原昌宏工程师发明，以方便在汽车制造厂跟踪零件，而现在 QR 码已在多个领域被广泛使用。图 9-2 展示的二维码就是 QR 码。

　　QR 码一般为正方形，呈黑白两色，QR 码的结构如图 9-18 所示。其左上角、右上角和左下角是 3 个较大的类似"回"字的正方形图案，这是用于 QR 码识别的定位标记，帮助解码软件进行定位，即不需要刻意正对 QR 码，而是以任意角度扫描 QR 码均可以正确解码获取信息。但缺失任何一个定位标记都会影响 QR 码的识别。中间棋盘般分布的小的同心正方形图案为校正标记，校正因失真导致的 QR 码图像像素位置偏移。位于定位标记间交替出现的黑白单元是定时标记，它提供了 QR 码的大小信息。红色区域是 QR 码的格式信息，包含 QR 码的错误纠正率和掩码类型。蓝色区域代表了版本信息。灰色区域是数据及容错密钥。绿色区域是 QR 码周围的空白部分，即静态区域。这里不对 QR 码的结构进行详细介绍，感兴趣的读者可以查阅相关资料。QR 码一共有 40 种不同版本存储密度的结构，最小为 $21 \times 21$，最大为 $177 \times 177$，最多可以放入 1817 个汉字、7089 个数字、4296 个字母、2953 个字节。

图 9-18  QR 码的结构

# 9.4  OpenCV 中的 QR 码识别

　　QR 码的识别流程与条形码的类似，如图 9-19 所示，需要首先检测定位图像中的 QR 码，然后根据 QR 码的编码规则对 QR 码进行解码，获取其存储的信息。

图 9-19  QR 码识别流程

OpenCV 的 opencv 仓库和 opencv_contrib 仓库均提供了用于 QR 码识别的类 QRCodeDetector 和 WeChatQRCode。QRCodeDetector 类使用的是基于传统方法的 QR 码检测算法，而 WeChatQRCode 类则使用了基于深度学习的 QR 码检测算法。尽管这两个类使用的算法不相同，但两者的函数接口没有太大差别，同时它们也和条形码识别类 BarcodeDetector 的函数接口一致，极大地方便了开发者的学习和使用。

QRCodeDetector 类的用法如下。

首先创建 QRCodeDetector 类对象。

```
detector = cv.QRCodeDetector()
```

其中 detector 表示创建的对象。

然后调用成员函数 detectAndDecode() 完成 QR 码的检测识别。

```
info, points, straight_qrcode = detector.detectAndDecode(image)
```

其中的主要参数介绍如下。

- image：QR 码图像。
- info：解码出来的 QR 码信息。
- points：QR 码的 4 个顶点。
- straight_qrcode：校正的二值 QR 码图像。

WeChatQRCode 类的用法如下。

首先创建 WeChatQRCode 类对象。

```
detector = cv.wechat_qrcode.WeChatQRCode()
```

同样，detector 表示创建的对象。

然后调用成员函数 detectAndDecode() 完成 QR 码的检测识别。

```
info, points = detector.detectAndDecode(image)
```

其中的主要参数介绍如下。

- image：QR 码图像。
- info：解码出来的 QR 码信息。
- points：QR 码的 4 个顶点。

下面简要介绍一下 OpenCV 中 QR 码识别的具体算法，然后介绍一个完整的 QR 码识别示例。

## 9.4.1 QR 码的检测识别

前面介绍了 QR 码有 3 个用于定位的"回"字形图案，这些图案有一个重要的特点，即对于任何一条经过其中心的直线，该直线在黑色和白色区域部分长度的比值为 1∶1∶3∶1∶1（参考文章：*Fast QR Code Detection in Arbitrarily Acquired Images*），如图 9-20 所示。

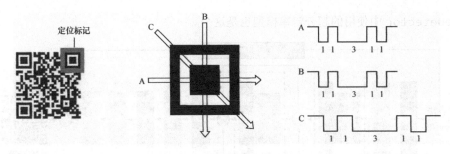

图 9-20 QR 码定位标记的特点

QRCodeDetector 类便是基于此特点实现 QR 码的定位。先对图像进行水平扫描，找出水平直线在黑白区域的长度比为 1：1：3：1：1 的位置，然后对这些位置进行垂直扫描，筛选垂直直线在黑白区域的长度比为 1：1：3：1：1 的位置，这些位置便是"回"字形图案的候选区域。对候选区域进行 KMeans（k 均值）聚类，最后得到 3 个聚类，聚类中心就是"回"字形图案的中心。之后计算 3 个中心点构成的三角形的夹角，位于最大夹角处的中心点就是 QR 码左上角的"回"字形定位框的中心点，再对 QR 图像进行仿射变换，将 QR 码转换到标准位置。

QRCodeDetector 类对 QR 码的解码调用了使用 BSD 开源许可的第三方库 Quirc。具体的解码算法这里就不详细介绍了，感兴趣的读者可以参考 https://github.com/dlbeer/quirc。

WeChatQRCode 类是腾讯微信团队开源贡献给 OpenCV 的 QR 码识别引擎。WeChatQRCode 通过基于深度学习的目标检测模型对图像进行 QR 码检测。WeChatQRCode 类的 QR 码检测模型如图 9-21 所示，它以 SSD（Single Shot MultiBox Detector，单步多框目标检测）框架为基础，采用残差连接、深度卷积、空洞卷积、卷积投影等技术进行了针对性的优化，整个模型的大小仅有 943KB。

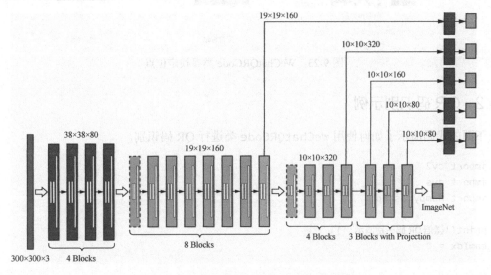

图 9-21 WeChatQRCode 类的 QR 码检测模型

如果 QR 码太小或者 QR 码的图像质量受损，分辨率下降，边缘变得模糊不清，则会严重影响 QR 码的识别。WeChatQRCode 类通过基于深度学习的超分辨率模型对 QR 码图像进行增强，模型结构如图 9-22 所示。它使用了密集连接、深度卷积、反向卷积、残差学习等技术改善模型的性能；在目标函数上，针对二维码强边缘和二值化的特点，结合 L2/L1 损失、边界加权、二值约束设计了针对二维码的目标函数，整个模型的大小仅为 23KB。上一节介绍的条形码检测类

BarcodeDetector 中使用的超分辨率模型也是这个。

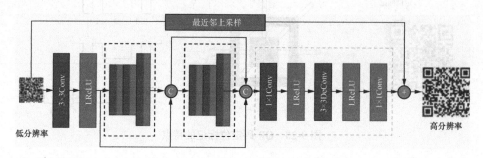

图 9-22　超分辨率模型

WeChatQRCode 类的 QR 解码也是以 ZXing 库为基础进行了改进。在识别二维码的时候，通常需要根据扫描像素行/列匹配对应比例来寻找定位点，如图 9-23 所示。在定位点检测上，WeChatQRCode 类使用了基于面积的定位点检测方法，比前面介绍的 QRCodeDetector 类基于线的方法更为稳定和高效；在定位点匹配上，使用了特征聚类方法来高效和准确地匹配多个定位点；在图像二值化上，用了多种二值化方法，有效提高了解码的成功率。

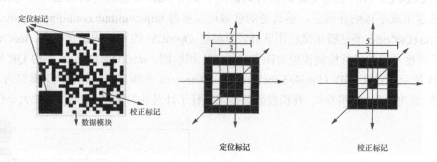

图 9-23　WeChatQRCode 类寻找定位点

## 9.4.2　QR 码识别示例

下面的代码演示了如何使用 WeChatQRCode 类进行 QR 码识别。

```python
import cv2
import sys
import numpy as np

print('微信 QR 码识别演示:')
camIdx = 0

try:
    detector = cv2.wechat_qrcode_WeChatQRCode(
        "detect.prototxt", "detect.caffemodel", "sr.prototxt", "sr.caffemodel")
except:
    print("------------------------------------------------------------")
    print("初始化 WeChatQRCode 失败.")
    print("请下载'detector.*'和'sr.*'")
    print("下载地址为 https://github.com/WeChatCV/opencv_3rdparty/tree/
```

```
            wechat_qrcode")
    print("并将其放在当前目录下.")
    print("------------------------------------------------------------")
    exit(0)

# 打开摄像头
cap = cv2.VideoCapture(camIdx)
while True:
    # 读入一帧图像
    res, img = cap.read()
    if img is None:
        break
    # 进行 QR 码检测识别
    res, points = detector.detectAndDecode(img)

    # 在图像上绘制 QR 码位置, 并在终端输出 QR 码内容
    for idx in range(len(points)):
        box = points[idx].astype(np.int32)
        cv2.drawContours(img, [box], -1, (0,255,0), 3)
        print('QR code{}: {}'.format(idx, res[idx]))

    cv2.imshow("QRCode", img)
    if cv2.waitKey(30) >= 0:
        break

cap.release()
cv2.destroyAllWindows()
```

WeChatQRCode 类的 QR 码识别示例结果如图 9-24 所示。

图 9-24　WeChatQRCode 类的 QR 码识别示例结果

使用 QRCodeDetector 类进行 QR 码的识别示例可以参考 https://github.com/opencv/opencv/blob/master/samples/python/qrcode.py。该示例演示了多种情况下的 QR 码识别,包括图像中只有一个 QR 码、图像中存在多个 QR 码、包含 QR 码的图像有弯曲情况等。

**第 10 章**

# 基于计算机视觉的机械臂应用

随着科技的进步，基于计算机视觉的实际应用已经渗入我们生活的方方面面，例如火车站、机场闸机的自动查验，在繁杂的监控视频中搜索犯罪嫌疑人，工业自动化生产过程中的产品缺陷检测，医学影像的自动诊断，无人驾驶，等等。这一章介绍两个与机械臂系统结合的计算机视觉小应用：一个是让机械臂自动跟踪人脸运动，另一个是让机械臂抓取它"看得见的"前方的物体。

## 10.1 机械臂控制基本原理

机械臂是在实际生活中应用得比较广泛的自动化机械装置，在工业制造、医学治疗、娱乐服务、太空探索等领域都能见到它的身影。机械臂根据接受的指令定位到空间中的某一点进行作业。描述刚体在空间的位置所需要的最少独立变量的个数（最大为 6）称为自由度。机械臂的关节数量与自由度之间的关系有时较为模糊，我们把机械臂上能够独立运动的关节数目称为机械臂的运动自由度。对于三维空间，六自由度机械臂通过其关节的组合运动，末端执行机构可以到达三维空间内的任一点。图 10-1 是有 7 个关节的机械臂示意图，每个关节可以独立运动，将其称为冗余七自由度机械臂。

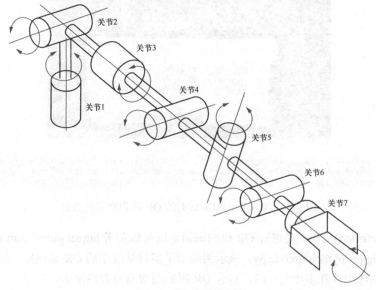

图 10-1　机械臂示意图

通常控制机械臂运动的方法是把机械臂上的每一个关节（轴）都当成一个单独的伺服器，每个伺服器通过总线由控制器进行统一控制并协调工作。本章示例中使用的机械臂系统如图 10-2 所示，它们都有 6 个关节，每个关节的运动分别由 1 个舵机驱动。舵机 1 控制夹手的开合；舵机 2 控制夹手的旋转，类似我们手腕的转运；舵机 3、4、5 对应相应关节的运动；舵机 6 控制整个机械臂的转运；底部的舵机控制器负责接收指令控制舵机。机械臂系统顶端安装了一个摄像头，相当于机械臂的"眼睛"。

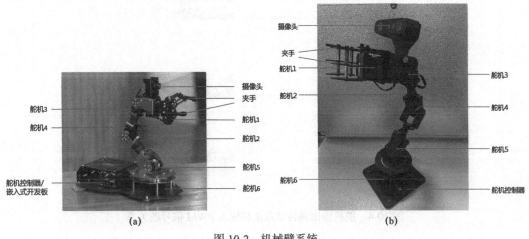

图 10-2　机械臂系统

舵机是伺服电动机的一种，是由直流电动机、减速齿轮组、传感器和控制电路组成的一套自动控制系统。舵机一般使用脉冲宽度调制（Pulse Width Modulation，PWM）来控制，向舵机发送 PWM 信号，PWM 的占空比决定了舵机输出轴的位置，从而决定了机械臂关节的位置。占空比是指在一个周期内，信号处于高电平的时间占整个信号周期的百分比。图 10-3 展示了占空比为 25%、50% 和 75% 的 PWM 信号。

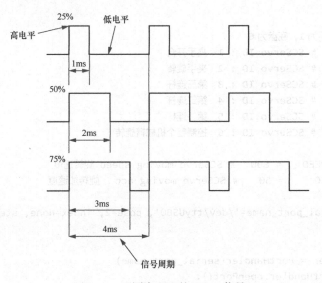

图 10-3　不同占空比的 PWM 信号

图 10-4 展示了舵机输出轴转动角度和输入 PWM 信号的关系。向舵机发送脉冲信号（舵机的脉冲周期通常为 20ms）：

- 当脉冲宽度为 1ms 时，输出轴将移至最小位置（0°）；
- 当脉冲宽度为 1.5ms 时，输出轴移至中间位置（90°）；
- 当脉冲宽度为 2ms 时，输出轴移至最大位置（180°）。

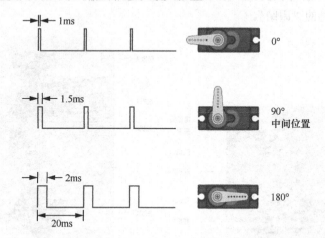

图 10-4  舵机输出轴转动角度和输入 PWM 信号的关系

注意，不同舵机的最大/最小位置的角度可能不同，但是 1.5ms 的脉冲宽度一般会将舵机输出轴置于中间位置。

下面一段代码用于测试和观察图 10-2（b）中机械臂的每个关节单独运动时机械臂姿态的变化。完整代码请参考电子资源 10 中 xiao-r/servo_test.py。

```python
import argparsefrom arm_sdk.scservo
import *from arm_sdk.three_inverse_kinematics
import step

# 舵机编号，夹手为 1，底盘为 6
SCS_ID_1 = 1 # SCServo ID：1  夹手开合
SCS_ID_2 = 2 # SCServo ID：2  夹手旋转
SCS_ID_3 = 3 # SCServo ID：3  第三连杆
SCS_ID_4 = 4 # SCServo ID：4  第二连杆
SCS_ID_5 = 5 # SCServo ID：5  第一连杆
SCS_ID_6 = 6 # SCServo ID：6  控制整个机械臂旋转

SCS_MOVING_SPEED   = 800  # SCServo moving speed 旋转速度
SCS_MOVING_ACC     = 50   # SCServo moving acc   旋转加速度

def main(serial_port_name='/dev/ttyUSB0', pose=2, index=None, step=None):

    # 初始化
    portHandler = PortHandler(serial_port_name)
    if not portHandler.openPort():
        print('打开串口失败。')
        return
```

```
baudrate = 500000
if not portHandler.setBaudRate(baudrate):
    print('设置波特率失败。')
    portHandler.closePort()
    return

packetHandler = sms_sts(portHandler)
if pose == 1:
    print('调整机械臂呈"站立"姿态')
    scs_comm_result, scs_error = packetHandler.WritePosEx(SCS_ID_1, 2047,
                                 SCS_MOVING_SPEED, SCS_MOVING_ACC)
    scs_comm_result, scs_error = packetHandler.WritePosEx(SCS_ID_2, 2047,
                                 SCS_MOVING_SPEED, SCS_MOVING_ACC)
    scs_comm_result, scs_error = packetHandler.WritePosEx(SCS_ID_3, 3070,
                                 SCS_MOVING_SPEED, SCS_MOVING_ACC)
    scs_comm_result, scs_error = packetHandler.WritePosEx(SCS_ID_4, 2047,
                                 SCS_MOVING_SPEED, SCS_MOVING_ACC)
    scs_comm_result, scs_error = packetHandler.WritePosEx(SCS_ID_5, 2047,
                                 SCS_MOVING_SPEED, SCS_MOVING_ACC)
    scs_comm_result, scs_error = packetHandler.WritePosEx(SCS_ID_6, 2047,
                                 SCS_MOVING_SPEED, SCS_MOVING_ACC)

elif pose == 2:
    print('调整机械臂呈"坐立"姿态')
    # 夹手舵机角度数值 2300，保持闭合
    scs_comm_result, scs_error = packetHandler.WritePosEx(SCS_ID_1, 2300,
                                 SCS_MOVING_SPEED, SCS_MOVING_ACC)
    scs_comm_result, scs_error = packetHandler.WritePosEx(SCS_ID_2, 2047,
                                 SCS_MOVING_SPEED, SCS_MOVING_ACC)
    scs_comm_result, scs_error = packetHandler.WritePosEx(SCS_ID_3, 3070,
                                 SCS_MOVING_SPEED, SCS_MOVING_ACC)
    scs_comm_result, scs_error = packetHandler.WritePosEx(SCS_ID_4, 1023,
                                 SCS_MOVING_SPEED, SCS_MOVING_ACC)
    scs_comm_result, scs_error = packetHandler.WritePosEx(SCS_ID_5, 3070,
                                 SCS_MOVING_SPEED, SCS_MOVING_ACC)
    scs_comm_result, scs_error = packetHandler.WritePosEx(SCS_ID_6, 2047,
                                 SCS_MOVING_SPEED, SCS_MOVING_ACC)

elif pose == 3:
    print('调整机械臂单个舵机')
    if index is None and step is None:
        print('请输入需要调整的舵机序号和其角度值。')
        portHandler.closePort()
        return
    # 舵机旋转角度数值，以 2047 为中间值
    scs_comm_result, scs_error = packetHandler.WritePosEx(index, step,
                                 SCS_MOVING_SPEED, SCS_MOVING_ACC)

else:
    print('未定义模式。')
```

```
    portHandler.closePort()
if __name__ == '__main__':
    argParser = argparse.ArgumentParser()
    # 串口: Windows: "COM1"  Linux: "/dev/ttyUSB0"  Mac: "/dev/tty.usbserial-*"
    argParser.add_argument('-n', '--name', type=str, default='/dev/ttyUSB0',
                            help='串口端号')
    argParser.add_argument('-p', '--pose', type=int, default=2,
                            help='机械臂姿态。1-站立; 2-坐立')
    argParser.add_argument('-i', '--index', type=int, default=None, help='舵机编号')
    argParser.add_argument('-s', '--step', type=int, default=None, help='舵机角度数值')
    args = argParser.parse_args()

    main(args.name, args.pose, args.index, args.step)
```

如果在命令行中输入 python servo_test.py，机械臂会呈现出如图 10-5（a）所示的"坐立"状态；如果输入 python servo_test.py -p 1，机械臂则会呈现出如图 10-5（b）所示的"站立"状态。

（a）                                （b）

图 10-5　机械臂的不同姿态

要观察每个关节单独运动时机械臂的姿态变换，可以在命令行中输入类似下面的命令：

```
python servo_test.py -p 3 -i 1 -s 2047
```

其中的主要参数介绍如下。

- p：设置为 3 表示代码为单个舵机控制模式。
- i：舵机编号，为 1 到 6 间的任意整数值，参考图 10-2（b）。

- s：设置舵机轴的角度，这里使用的是步数值而非角度值（示例中使用的机械臂舵机轴的旋转范围为 0~360°，对应的舵机步进值范围为 0~4095）。

代码导入的 Python 包 **arm_sdk** 是舵机控制的 API，机械臂厂商通常都会提供此类 API 给用户用于控制舵机，不同厂商的 API 一般是不同的。用计算机对舵机进行控制，一般情况下需要先做相关的初始化工作，如打开串口、设置波特率等。初始化工作完成后就可以通过计算机对舵机发送指令控制其运动。示例中是通过 **arm_sdk** 的 **WritePosEx()** 函数对舵机发送指令，实际使用中需要参考厂商提供的 API 进行编码。

## 10.2 应用：跟踪人脸的机械臂

下面我们用图 10-2（a）所示的机械臂系统来实现一个简单应用：机械臂顶部的摄像头实时采集图像，底座的嵌入式开发板进行人脸检测，并根据人脸在图像中的位置控制机械臂的各个关节运动以调整机械臂的姿态，使得摄像头拍摄到的人脸始终居于图像中间区域。该人脸跟踪应用的流程如图 10-6 所示。

图 10-6 人脸跟踪应用的流程

要实现这个应用，有以下 3 个主要工作。

（1）对摄像头采集的图像进行人脸检测，以获得人脸在图像中的位置。

（2）明确机械臂关节的运动与目标在图像中位置变化的关系。

（3）对机械臂关节的控制。

如何实现人脸检测可以参考第 6 章的内容和示例，如何控制机械臂每个关节的运动可以参考 10.1 节的内容。本章使用的机械臂系统有 6 个舵机，其中从舵机 3 到舵机 6 都能影响摄像头位置。为了简化实现过程，在本示例中将机械臂的姿态初始化为直立状态，摄像头正对人脸，如图 10-7 所示。

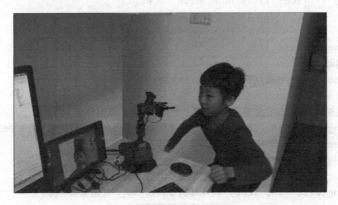

图 10-7 机械臂的初始姿态

　　机械臂系统在这个直立状态下跟踪人脸,这样我们只需对舵机 3 和舵机 6 进行控制,使机械臂的这两个关节运动便可以改变摄像头相对人脸的位置,从而调整人脸在图像中的位置。如图 10-8 所示,通过控制舵机 3,可以调整人脸在图像中 $y$ 轴方向的位置[图 10-8(a)到图 10-8(b)的变化];通过控制舵机 6,可以调整目标在图像中 $x$ 轴方向的位置[图 10-8(b)到图 10-8(c)的变化]。

(a)　　　　　　　　　　(b)　　　　　　　　　　(c)

图 10-8　机械臂姿态随人脸位置的变化而变化

　　严格来说,舵机旋转的角度与目标在图像中的位置改变的定量关系需要进行标定才能确定。在本章的应用示例中,为了简化说明,我们假设了两者间的粗略关系,即目标在距摄像头一定距离时,目标在图像中沿 $x$ 轴或 $y$ 轴方向每移动 1 个像素,舵机需要相应旋转 15°。

　　完整的示例代码如下,也可参考电子资源 10 中的 hiwonder/facetrack.py。

```python
import time
import cv2 as cv
import numpy as np
from RobotArm import RobotArm

def detect_face(detector, image):
    ''' 人脸检测函数
    '''
    h, w, c = image.shape
    if detector.getInputSize() != (w, h):
        detector.setInputSize((w, h))

    faces = detector.detect(image)
    return [] if faces[1] is None else faces[1]


if __name__ == '__main__':
    # 连接机械臂
    arm = RobotArm("/dev/ttyUSB0", 115200)

    # 初始化机械臂姿态, 让机械臂呈直立姿态; 顶部转 90°, 让摄像头平视
    arm.setAngle(1, -90, 1000) # 电动机 1 的角度为-90°(张开夹手), 1000ms 完成调整
    time.sleep(1.0) # 暂停 1.0s, 等待电动机调整完毕
    arm.setAngle(2, 0, 1000)
    time.sleep(1.0) # 暂停 1.0s, 等待电动机调整完毕
    arm.setAngle(3, -90, 1000) # 电动机 3 转到-90°, 让摄像头平视
    time.sleep(1.0) # 暂停 1.0s, 等待电动机调整完毕
    arm.setAngle(4, 0, 1000)
```

```python
time.sleep(1.0) # 暂停 1.0s，等待电动机调整完毕
arm.setAngle(5, 0, 1000)
time.sleep(1.0) # 暂停 1.0s，等待电动机调整完毕
arm.setAngle(6, 0, 1000)
time.sleep(1.0) # 暂停 1.0s，等待电动机调整完毕

# 打开摄像头，如果失败，修改 device_id 为 0、1、2 中的某个值，继续尝试
# 仍然失败，检查 USB 摄像头是否连接
device_id = 0
cap = cv.VideoCapture(device_id)
# 设置采集图像大小为 320×240
# 因为 320×240 检测效果最好，图像太大容易出现误检测
cap.set(cv.CAP_PROP_FRAME_WIDTH, 320)
cap.set(cv.CAP_PROP_FRAME_HEIGHT, 240)
w = int(cap.get(cv.CAP_PROP_FRAME_WIDTH))
h = int(cap.get(cv.CAP_PROP_FRAME_HEIGHT))
# 打印尺寸，用于确认
print("Image size: ", w, "x", h)
#创建一个窗口，用于显示图像
cv.namedWindow("Camera", 0)

# 装载人脸检测 ONNX 模型
detector = cv.FaceDetectorYN.create(
    "face_detection_yunet_2022mar.onnx",
    "",
    (h, w),
    score_threshold=0.99, #阈值，应小于 1，值越大误检测率越低
    #使用 TIMVX 后端，如果不使用 NPU 加速，而使用 CPU 计算，注释掉此行及下一行
    backend_id=cv.dnn.DNN_BACKEND_TIMVX,
    target_id=cv.dnn.DNN_TARGET_NPU #使用 NPU
)

fps_list = []
tm = cv.TickMeter()

# 循环，碰到按键就退出
while cv.waitKey(1) < 0:
    #读一帧图像
    hasFrame, frame = cap.read()
    if not hasFrame:
        print('No frames grabbed!')
        break

    tm.start()
    # 检测人脸
    faces = detect_face(detector, frame)
    tm.stop()
    # 把帧率（单位：fps）数值放到一个列表中
    fps_list.append(tm.getFPS())
    tm.reset()
    # 列表最长为 50，超过则删除首个
```

```
            if len(fps_list) > 50:
                del fps_list[0]
            # 这样计算出最近 50 帧的平均帧率
            mean_fps = np.mean(fps_list)

            # 把帧率画到图像左上角
            cv.putText(frame, 'FPS:{:.2f}'.format(mean_fps), (0, 15),
                    cv.FONT_HERSHEY_DUPLEX, 0.5, (0, 255, 0))

            for face in faces:
                # 把人脸框画到图像上
                bbox = face[0:4].astype(np.int32)
                cv.rectangle(frame, (bbox[0], bbox[1]), (bbox[0]+bbox[2],
                        bbox[1]+bbox[3]), (0, 255, 0), 2)

                # 计算人脸框的中心
                centerx = bbox[0] + bbox[2] / 2
                centery = bbox[1] + bbox[3] / 2
                # 为了让人脸处于中心，摄像头在 x 轴和 y 轴方向应该移动的角度
                stepx = (centerx - w /2) / (-15)
                stepy = (centery - h /2) / (-15)
                # 当前电动机 6 和电动机 3 的角度
                oldanglex = arm.getAngle(6)
                oldangley = arm.getAngle(3)
                # 转动电动机 6 和电动机 3
                arm.setAngle(6, oldanglex + stepx, 100)
                arm.setAngle(3, oldangley + stepy, 100)
                time.sleep(0.1)
                # 停止循环，只根据第一个人脸移动机械臂，忽略其他人脸
                break

            # 把结果图像显示到窗口里
            cv.imshow("Camera", frame)

    arm.unloadBusServo(1)  #电动机卸载动力
    arm.unloadBusServo(2)  #电动机卸载动力
    arm.unloadBusServo(3)  #电动机卸载动力
    arm.unloadBusServo(4)  #电动机卸载动力
    arm.unloadBusServo(5)  #电动机卸载动力
    arm.unloadBusServo(6)  #电动机卸载动力
```

在上面的代码中，首先设定机械臂各关节上舵机的位置，初始化机械臂姿态，让机械臂呈直立姿态，再让顶部转 90°，使摄像头平视人脸，如图 10-7 所示。然后初始化人脸检测器，程序进入人脸跟踪的循环。为了让检测到的人脸处于图像中心位置，首先计算人脸框中心的坐标，计算人脸框中心与图像中心在 $x$ 轴方向和 $y$ 轴方向的差距 $dx$ 和 $dy$。根据上面假设的舵机旋转角度与图像位置变化的粗略关系，计算人脸中心移动 $dy$ 和 $dx$ 时舵机 3 和舵机 6 需要旋转的角度，然后发送指令控制舵机进行相应转动。

图 10-9 是机械臂从初始状态开始跟踪人脸过程的几幅截图。第一行的图展示了初始时刻机械臂的姿态，以及机械臂上摄像头与人脸的相对位置。第二行的 3 幅图从左至右展示了人脸相对

于摄像头主要在竖直方向上运动。可以看到，为了保持人脸处于图像中心区域，当人脸向下移动时，控制舵机 3 使机械臂关节带动摄像头随之向下运动；当人脸向上移动时，控制舵机 3 使机械臂关节带动摄像头随之向上运动。实际上舵机 6 的关节也有运动，但由于主要运动是在图像的 $y$ 轴方向，此关节的运动没有舵机 3 关节的运动明显。第三行的 3 幅图从左至右展示了人脸相对于摄像头主要在水平方向上运动。可以看到，为了保持目标人脸处于图像中心区域，当人脸在水平方向左右移动时，控制舵机 6 使机械臂关节带动摄像头在水平方向上进行移动。同样，在此过程中，舵机 3 的关节也是有运动的。

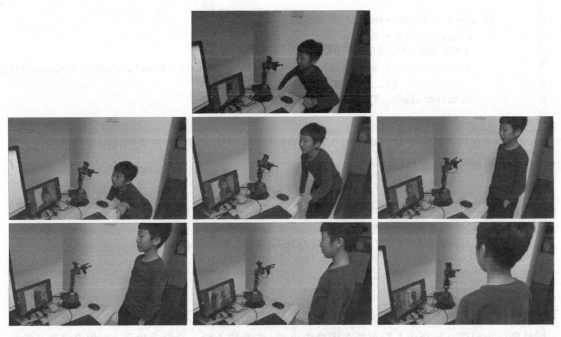

图 10-9 跟踪人脸的机械臂

电子资源 10 中的 xiao-r/track_face_3dcam.py 是使用图 10-2（b）的机械臂来跟踪人脸的应用，其原理、代码逻辑和上面的示例是一样的。不同的是，它的图像采集设备是 3D 相机，但是使用的图像数据是 3D 相机输出的 RGB 彩色图像。3D 相机的相关内容将在第 12 章进行介绍。

## 10.3 应用：跟踪指定人脸的机械臂

10.2 节中介绍的人脸跟踪应用，只要有一张人脸出现在摄像头前，机械臂便会跟踪这张人脸运动，不论人脸是否属于同一个人。现在我们结合人脸识别对这个应用做一个扩展：机械臂只跟踪指定的人脸，若中途摄像头前的人脸变成了另一张人脸，则机械臂停止跟踪。

要实现这个功能也比较简单，只需要在 10.2 节中的代码里加入人脸识别，判断摄像头前的人脸是否是指定的人脸即可。回想在第 6 章中介绍的用 OpenCV 进行人脸识别的方法，添加的人脸识别代码如下（完整代码请参考电子资源 10 中的 hiwonder/facetrack_with_recognition.py）：

```
for face in faces:
    aligned_face = recognizer.alignCrop(frame, face) #获取对齐后的人脸
```

```
afeature = recognizer.feature(aligned_face) #提取人脸特征
#比较人脸相似分数，分数越低越相似
score = recognizer.match(ownerFaceFeature, afeature, cv.FaceRecognizerSF_FR_NORM_L2)
# print("score=", score)

# 把人脸矩形框以蓝色画到图像上
bbox = face[0:4].astype(np.int32)
cv.rectangle(frame, (bbox[0], bbox[1]), (bbox[0]+bbox[2], bbox[1]+bbox[3]),
          (255, 0, 0), 2)

if score < l2_threshold: #匹配成功
    missedFrames = 0
    # 把认识的人脸以绿色画到图像上
    cv.rectangle(frame, (bbox[0], bbox[1]), (bbox[0]+bbox[2], bbox[1]+bbox[3]),
              (0, 255, 0), 3)
    rotateArm(arm, face) #转动机械臂对准
    break
```

该演示代码在初始化时会对摄像头拍摄的图像进行人脸检测，并把从图像中检测到的最大的人脸作为机械臂跟踪的目标。

```
if mode == "detect":
    lface = find_largest_face(faces)
    if lface is not None:
        aligned_face = recognizer.alignCrop(frame, lface)
        ownerFaceFeature = recognizer.feature(aligned_face)
        mode = "tracking"
        print("Swith to tracking mode")
```

设定好跟踪的人脸后，机械臂就开始跟踪人脸。如果摄像头拍摄的图像中的人脸更换了，机械臂则停止跟踪直到指定人脸重新在图像中出现。若指定人脸一直没有出现，则程序重新开始检测并指定一张新的人脸作为机械臂跟踪的目标。

```
if missedFrames >= 100: #如果 100 帧还找不到以前的人脸
    missedFrames = 0
    mode = "detect" #重新查找一张新的人脸
    print("Swith to detection mode")
```

电子资源 10 中的 xiao-r/track_face_with_recognition_3dcam.py 是使用图 10-2（b）的机械臂来跟踪指定人脸运动的代码示例，图像采集设备为 3D 相机。

## 10.4　应用：机械臂抓取物体

这一节介绍一个机械臂自动抓取它所"看到"的物体的小应用。机械臂抓取物体涉及计算机视觉、机械、控制等多个领域知识。首先需要机械臂"看见"物体，也就是进行目标检测；然后调整自身姿态去抓取物体，这需要定位物体相对于夹手的位置，并计算机械臂每个关节的运动；最后发送指令控制舵机运动。确定物体与夹手的相对位置需要进行手眼标定，也就是需要知道夹手坐标系和相机坐标系间的转换关系，如图 10-10 所示，这又涉及机械臂基坐标系和标定板坐标

系。关于坐标系的标定不在本书的范围，感兴趣的读者可以查阅相关资料了解。

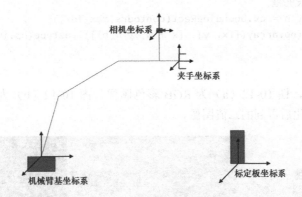

图 10-10　机械臂系统涉及的不同坐标系

本节介绍的机械臂抓取物体示例进行了很大程度的简化，略去了坐标系的标定，即只让机械臂抓取其正前方的物体，也就是只需要控制舵机 3、4 和 5 就可以让机械臂抓取物体。如图 10-11 所示，让机械臂呈"坐立"姿态，在夹手正前方放置一个橙色的药瓶，让机械臂定位药瓶后将其抓起。

要抓取药瓶，首先要在图像中检测出药瓶，该示例中使用颜色作为特征来检测药瓶。下面的代码是在 3D 相机采集的 RGB 彩色图像对应的 HSV 图像中，检测色调和饱和度处于给定范围 HS_TH_LOWER 和 HS_TH_UPPER 的像素点，用 cv.inRange() 得到二值图像 mask，然后寻找最大连通区域得到目标药瓶位置 bbox。

图 10-11　机械臂抓取药瓶示意图

```python
HS_TH_LOWER = np.array([0, 180, 0])          # 目标药瓶最低 HS 值
HS_TH_UPPER = np.array([30, 255, 255])       # 目标药瓶最高 HS 值
def detection(image):
    bbox = None
    hsv_img = cv.cvtColor(image, cv.COLOR_BGR2HSV)
    # 二值化
    mask = cv.inRange(hsv_img, HS_TH_LOWER, HS_TH_UPPER)
    mask = cv.dilate(mask, None)
    mask = cv.dilate(mask, None)
    # cv.imshow('MASK', mask)
    # 寻找连通区域
    contours, _ = cv.findContours(mask, cv.RETR_EXTERNAL, cv.CHAIN_APPROX_SIMPLE)
    max_area = 0
    max_idx = -1
    # 取面积最大的连通区域为目标
    for idx, contour in enumerate(contours):
        area = cv.contourArea(contour)
        if area > max_area:
            max_area = area
            max_idx = idx
```

```
if max_idx > -1:
    # 目标的矩形框
    x, y, w, h = cv.boundingRect(contours[max_idx])
    bbox = (np.array([[x, y], [x + w, y + h]])).astype(np.int32)

return bbox
```

如图 10-12 所示，图 10-12（a）为 RGB 彩色图像，图 10-12（b）为对应的 HSV 图像，图 10-12（c）为阈值化后得到的二值图像。

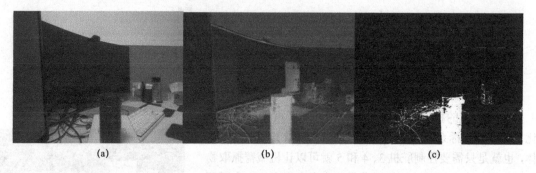

(a)            (b)            (c)

图 10-12　检测橙色药瓶

从 RGB 图像得到药瓶位置后，即可在对应的深度图像中获取药瓶中心区域与 3D 相机的距离，关于 3D 相机采集的数据在第 12 章中会进行详细介绍。这时我们仅知道了药瓶与 3D 相机的距离，为了让夹手抓取药瓶，需要知道夹手抓住药瓶时夹手相对于机械臂基坐标系的坐标$(x, y, z)$，然后通过机械臂逆运动学计算出舵机 3、4、5 需要旋转的角度，以使夹手到达位置$(x, y, z)$。前面已经提到，这个示例做了很大的简化，物体放置在夹手的正前方，也就是不需要控制舵机 2 和舵机 6 来调整机械臂姿态，这样机械臂的运动实际为平面内运动，$(x, y, z)$的三维坐标也就变成二维的$(x, y)$。而机械臂逆运动学简单地说就是已知夹手坐标计算机械臂各舵机轴的角度，读者可查阅相关资料了解详细内容。

抓取部分的代码如下，首先确定夹手抓住物体时相对于机械臂基坐标系的坐标$(xe, ye)$，然后用函数 step() 计算出机械臂舵机 3、4、5 需要转动的角度 step_3、step_4、step_5。向舵机发送指令调整机械臂姿态抓取药瓶，抓取后机械臂先"站立"然后"坐下"。

```
BOTTLE_WIDTH    = 50    # 药瓶的实际宽度为 50mm
L0_CAM_X        = 50    # "坐立"姿态时底座中心与相机的水平距离为 50mm
END_L0_Y        = 125   # "坐立"姿态时执行器末端与底座的竖直距离为 125mm
def pickup(xo, yo, phandler):
    print('===== 机械臂开始抓取目标药瓶 =====')
    print('请等待抓取过程结束...')
    # 末端执行器的坐标
    xe = xo - L0_CAM_X + 35 # 35mm 为夹手为了抓住目标药瓶，需要向前移动的水平距离
    ye = yo

    # 计算末端执行器运动至抓住目标物的位置，舵机 3、4 5 需要旋转的角度
    step_3, step_4, step_5 = step(xe, yo)
    if step_3 < 1000 or step_3 > 3200 or step_4 < 540 or step_4 > 3400 or
                step_5 < 1000 or step_5 > 3050:
```

```
        print('舵机无法转到所需角度。')
        return False

# 张开夹手
arm_set_end(1600, phandler)
# 将末端执行器运动至可以抓住目标物位置
arm_set_links(step_3, step_4, step_5, phandler)
time.sleep(4)

# 然后闭合夹手
arm_set_end(2400, phandler)
time.sleep(2)

# 抓住目标物后机械臂调整呈"站立"姿态
arm_standup(phandler)
time.sleep(3)
# 机械臂"坐下去"
arm_sitdown(phandler)
time.sleep(3)
print('===== 机械臂完成抓取目标药瓶 =====')
```

上面代码中 xo 是从深度图获取的药瓶中心与 3D 相机的距离，yo 是机械臂"坐立"姿态时夹手距机械臂基坐标系的高度值。完整的机械臂抓取药瓶代码请参考电子资源 10 中 xiao-r/pickup_simple.py。

图 10-13 为机械臂抓取药瓶过程中的几幅图。自左向右、自上向下为进行目标检测，检测到药瓶，然后定位计算出舵机需要旋转的角度，发送指令让夹手运动至药瓶，闭合夹手抓住药瓶，机械臂"站立"然后"坐下"。

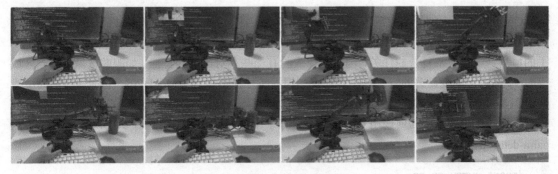

图 10-13　机械臂抓取药瓶

该示例主要说明计算机视觉和机械臂结合完成抓取任务的原理，实际中的抓取任务需要进行手眼标定、PID 控制等，感兴趣的读者可以进行进一步研究。

# 第**11**章

# 手势识别应用

手势识别是计算机视觉领域的一个重要研究方向,它对摄像机采集的手部相关的图像序列进行分析处理,进而识别其中的手势,手势被识别后用户就可以通过手势来控制设备或与设备交互,因此手势识别在人机交互、虚拟现实等领域有着广泛应用。完整的手势识别一般有手的检测和姿态估计、手部跟踪和手势识别等。手的检测和姿态估计是检测定位手在图像中的位置,并获取手指关节的位置;手部跟踪是获取手的运动轨迹,它与手势表达的意义有直接关系,但对于静态的手势则不需要对手部进行跟踪;最后的手势识别才最终解释手势传达的语义。

OpenCV Zoo(https://github.com/opencv/opencv_zoo)提供了手掌检测、手关键点估计两个深度学习模型,本章介绍如何用这两个模型来进行手掌检测和手的姿态估计,然后在此基础上实现一个简单的"石头-剪刀-布"手势的小应用。

## 11.1 手掌检测

OpenCV Zoo 中的手掌检测模型是由 MediaPipe(谷歌的一个开源多媒体机器学习应用框架)的手掌检测模型转换而来的 ONNX 格式模型 palm_detection_mediapipe_2023feb.onnx。手的检测是一项非常复杂的任务,因为不像人脸有一些有对比度的特征(如眼睛区域、嘴巴区域等),手部由于缺少显著的特征,不容易直接根据特征检测得到。MeidaPipe 的手掌检测模型避开检测多关节的手,而是对手掌或拳头这样的刚体目标进行检测,大大降低了检测难度。

下面的代码展示了如何使用 OpenCV 来进行手掌检测(完整的代码请参考电子资源 11 中的 palm-detect.py)。

```
import numpy as np
import cv2 as cv

# 手掌检测模型的输入尺寸
INPUT_SIZE = np.array([192, 192]) # 宽、高

def main():
    # 初始化模型
    # 手掌检测模型可从下述地址下载
    # https://github.com/opencv/opencv_zoo/tree/master/models/palm_detection_mediapipe
    model = cv.dnn.readNet('palm_detection_mediapipe_2023feb.onnx')
    # model.setPreferableBackend(cv.dnn.DNN_BACKEND_OPENCV)
```

```
    # model.setPreferableTarget(cv.dnn.DNN_TARGET_CPU)

    # 打开摄像头。如果失败，修改参数为 0、1、2 中的某个值，继续尝试
    deviceId = 0
    cap = cv.VideoCapture(deviceId)

    tm = cv.TickMeter()
    while cv.waitKey(1) < 0:
        hasFrame, frame = cap.read()
        if not hasFrame:
            print('No frames grabbed!')
            break

        tm.start()
        h, w, _ = frame.shape

        # 前处理
        input_blob, pad_bias = preprocess(frame)

        # 进行模型推理
        model.setInput(input_blob)
        output_blob = model.forward(model.getUnconnectedOutLayersNames())

        # 后处理
        results = postprocess(output_blob, np.array([w, h]), pad_bias)
        tm.stop()

        # 在图像上绘制结果
        frame = visualize(frame, results, fps=tm.getFPS())

        # 在窗口显示结果
        cv.imshow('MPPalmDet Demo', frame)
        # cv.imwrite('palm.jpg', frame)
        tm.reset()

if __name__ == '__main__':
    main()
```

　　上述手掌检测的代码使用了 OpenCV DNN 部署和运行手掌检测模型，使用方法与前几章介绍的 DNN 模块的使用方法相同。手掌检测示例结果如图 11-1 所示，其中，矩形框为手掌的位置，圆点代表手掌上的关键点，矩形框内左上角的数字代表检测结果是手掌的置信度。

　　从代码中可以看到，对于这个手掌检测模型，用户需要自行实现推理前的前处理 preprocess() 和推理后的后处理 postprocess() 过程。

　　前处理主要是将摄像头采集的图像缩放和 padding（填充）到模型输入要求的大小 192×192，并进行归一化等处理。

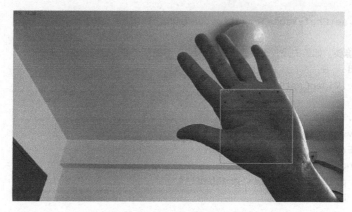

图 11-1  手掌检测示例结果

```python
def preprocess(image):
    '''
    前处理
    '''

    # padding
    pad_bias = np.array([0., 0.]) # 左，上

    ratio = min(INPUT_SIZE / image.shape[:2])
    # 如果视频帧大小与模型输入不同，需将视频帧等比例缩放并进行 padding
    if image.shape[0] != INPUT_SIZE[0] or image.shape[1] != INPUT_SIZE[1]:
        # 等比例缩放
        ratio_size = (np.array(image.shape[:2]) * ratio).astype(int)
        image = cv.resize(image, (ratio_size[1], ratio_size[0]))
        pad_h = INPUT_SIZE[0] - ratio_size[0]
        pad_w = INPUT_SIZE[1] - ratio_size[1]
        pad_bias[0] = left = pad_w // 2
        pad_bias[1] = top = pad_h // 2
        right = pad_w - left
        bottom = pad_h - top
        image = cv.copyMakeBorder(image, top, bottom, left, right,
                                  cv.BORDER_CONSTANT, None, (0, 0, 0))

    # 调整为 RGB 排列
    image = cv.cvtColor(image, cv.COLOR_BGR2RGB)
    # 归一化
    image = image.astype(np.float32) / 255.0

    pad_bias = (pad_bias / ratio).astype(int)
    return image[np.newaxis, :, :, :], pad_bias # hwc -> nhwc
```

后处理主要是对推理 forward() 得到的结果进行处理计算，获得手掌矩形框和手关键点位置在原始输入图像中的位置。

```python
def postprocess(output_blob, original_shape, pad_bias, score_threshold=0.8,
                nms_threshold=0.3, top_k=5000):
```

```
'''
    后处理
'''
score = output_blob[1][0, :, 0]
box_delta = output_blob[0][0, :, 0:4]
landmark_delta = output_blob[0][0, :, 4:]
scale = max(original_shape)

# 计算得分
score = score.astype(np.float64)
score = 1 / (1 + np.exp(-score))

# 计算矩形框
anchors = load_anchors()
cxy_delta = box_delta[:, :2] / INPUT_SIZE
wh_delta = box_delta[:, 2:] / INPUT_SIZE
xy1 = (cxy_delta - wh_delta / 2 + anchors) * scale
xy2 = (cxy_delta + wh_delta / 2 + anchors) * scale
boxes = np.concatenate([xy1, xy2], axis=1)
boxes -= [pad_bias[0], pad_bias[1], pad_bias[0], pad_bias[1]]

# 极大值抑制
keep_idx = cv.dnn.NMSBoxes(boxes, score, score_threshold, nms_threshold, top_k)
if len(keep_idx) == 0:
    return np.empty(shape=(0, 19))
selected_score = score[keep_idx]
selected_box = boxes[keep_idx]

# 获取手关键点
selected_landmarks = landmark_delta[keep_idx].reshape(-1, 7, 2)
selected_landmarks = selected_landmarks / INPUT_SIZE
selected_anchors = anchors[keep_idx]
for idx, landmark in enumerate(selected_landmarks):
    landmark += selected_anchors[idx]
selected_landmarks *= scale
selected_landmarks -= pad_bias

# [
#    [bbox_coords, landmarks_coords, score]
#    ...
#    [bbox_coords, landmarks_coords, score]
# ]
return np.c_[selected_box.reshape(-1, 4), selected_landmarks.reshape(-1, 14),
            selected_score.reshape(-1, 1)]
```

## 11.2 手关键点估计

OpenCV Zoo 提供了手关键点估计的深度学习模型，同手掌检测模型一样，该模型也是由 MediaPipe

的模型转换而来的 ONNX 格式模型 handpose_estimation_mediapipe_2022may.onnx。
MediaPipe 模型估计了 21 个手关键点的位置，如图 11-2 所示。

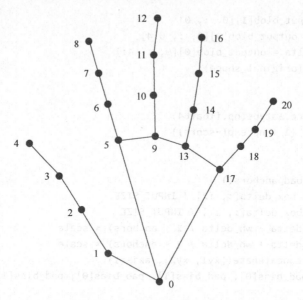

图 11-2 MediaPipe 模型估计的 21 个手关键点位置

下面的代码展示了如何使用 OpenCV 来进行手关键点估计（完整的代码请参考电子资源 11
中的 keypoints-estimate.py）。

```python
import numpy as np
import cv2 as cv

PALM_INPUT_SIZE = np.array([192, 192]) # 宽、高
HAND_INPUT_SIZE = np.array([256, 256]) # 宽、高
PALM_BOX_SHIFT_VECTOR = [0, -0.4]
PALM_BOX_ENLARGE_FACTOR = 3
PALM_LANDMARKS_INDEX_OF_PALM_BASE = 0
PALM_LANDMARKS_INDEX_OF_MIDDLE_FINGER_BASE = 2
HAND_BOX_SHIFT_VECTOR = [0, -0.1]
HAND_BOX_ENLARGE_FACTOR = 1.65


def main():
    # 初始化手掌检测模型
    # 手掌检测模型可从下述地址下载
    # https://github.com/opencv/opencv_zoo/tree/master/models/palm_detection_mediapipe
    palm_model = cv.dnn.readNet('palm_detection_mediapipe_2023feb.onnx')
    # palm_model.setPreferableBackend(cv.dnn.DNN_BACKEND_OPENCV)
    # palm_model.setPreferableTarget(cv.dnn.DNN_TARGET_CPU)

    # 初始化关键点估计模型
    # 关键点估计模型可以从下述地址下载
    # https://github.com/opencv/opencv_zoo/tree/master/models/handpose_estimation_mediapipe
    hand_model = cv.dnn.readNet('handpose_estimation_mediapipe_2022may.onnx')
```

```
    # hand_model.setPreferableBackend(cv.dnn.DNN_BACKEND_OPENCV)
    # hand_model.setPreferableTarget(cv.dnn.DNN_TARGET_CPU)

    # 打开摄像头。如果失败，修改参数为 0、1、2 中的某个值，继续尝试
    deviceId = 0
    cap = cv.VideoCapture(deviceId)

    while cv.waitKey(1) < 0:
        hasFrame, frame = cap.read()
        if not hasFrame:
            print('No frames grabbed!')
            break

        # 手掌检测
        h, w, _ = frame.shape
        input_blob, pad_bias = palm_preprocess(frame)
        palm_model.setInput(input_blob)
        output_blob = palm_model.forward(palm_model.getUnconnectedOutLayersNames())
        palms = palm_postprocess(output_blob, np.array([[w, h]]), pad_bias)

        hands = np.empty(shape=(0, 47))
        # 估计每只手的关键点
        for palm in palms:
            # 前处理
            input_blob, rotated_palm_bbox, angle, rotation_matrix = hand_
                                                preprocess(frame, palm)

            # 推理
            hand_model.setInput(input_blob)
            output_blob = hand_model.forward(hand_model.getUnconnectedOutLayersNames())

            # 后处理
            handpose = hand_postprocess(output_blob, rotated_palm_bbox, angle,
                    rotation_matrix)
            if handpose is not None:
                hands = np.vstack((hands, handpose))

        # 在图像上绘制结果
        frame = visualize(frame, hands)
        # 在窗口显示结果
        cv.imshow('MediaPipe Handpose Detection Demo', frame)

if __name__ == '__main__':
    main()
```

示例结果如图 11-3 所示，小圆点为算法得到的 21 个手关键点位置，每根手指的关键点间用白色的直线相连。

图 11-3　手关键点估计示例结果

下面来简要说明一下上述代码中的手关键点估计流程。进行手关键点检测之前需要在图像中定位出手的位置，代码中首先使用 palm_model.forward() 进行手掌检测，得到手掌的矩形框和关键点，如图 11-4 所示。然后根据手腕点和中指来找到手指和手掌的关节点连线，将手部图像旋转到竖直状态，即此连线转为竖直方向，如图 11-5 所示，同时计算旋转后的手掌矩形框和手关键点的位置。根据经验扩大旋转手掌矩形框，使其能将整个手包含在内，如图 11-6 所示。裁剪此矩形框内的图像，得到图 11-7 所示的手部图像。这个过程也就是手关键点模型推理前的前处理过程，在 hand_preprocess() 函数中实现。将图 11-7 所示的图像输入手关键点检测模型进行推理，得到的结果在 hand_postprocess() 函数中进行后处理，通过此函数将 palm_model.forward() 得到的关键点坐标转换到原始图像的坐标系，便可得到图 11-3 所示的手关键点估计示例结果。

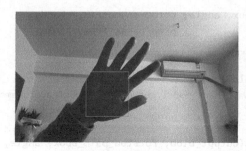

图 11-4　检测到的手掌

图 11-5　旋转后的手掌

图 11-6　扩大的矩形框

图 11-7　裁剪得到的手部图像

hand_preprocess() 函数如下。

```
def hand_preprocess(image, palm):
    '''
    旋转输入图像进行推理
```

参数：
    image – 输入图像，通道顺序为 BGR
    palm_bbox – 手掌矩形框[[x1, y1], [x2, y2]]，为 palm[0:4]
    palm_landmarks – 7个手关键点[7, 2]，为 palm[4:18]
返回值：
    rotated_hand – 旋转后的手掌图像
    rotation_matrix – 旋转矩阵
'''

```python
# 旋转输入图像以获得竖直的手的图像
palm_bbox = palm[0:4].reshape(2, 2)
palm_landmarks = palm[4:18].reshape(7, 2)
image = cv.cvtColor(image, cv.COLOR_BGR2RGB)

# 计算以手掌矩形框为旋转中心，将手掌底部关键点和中指底部关节关键点构成的向量旋转到90°的旋转矩阵
p1 = palm_landmarks[PALM_LANDMARKS_INDEX_OF_PALM_BASE]
p2 = palm_landmarks[PALM_LANDMARKS_INDEX_OF_MIDDLE_FINGER_BASE]
radians = np.pi / 2 - np.arctan2(-(p2[1] - p1[1]), p2[0] - p1[0])
radians = radians - 2 * np.pi * np.floor((radians + np.pi) / (2 * np.pi))
angle = np.rad2deg(radians)
center_palm_bbox = np.sum(palm_bbox, axis=0) / 2
rotation_matrix = cv.getRotationMatrix2D(center_palm_bbox, angle, 1.0)

# 旋转图像
rotated_image = cv.warpAffine(image, rotation_matrix, (image.shape[1],
                                                       image.shape[0]))
# 用旋转后的手关键点重新计算手掌矩形框
homogeneous_coord = np.c_[palm_landmarks, np.ones(palm_landmarks.shape[0])]
rotated_palm_landmarks = np.array([
    np.dot(homogeneous_coord, rotation_matrix[0]),
    np.dot(homogeneous_coord, rotation_matrix[1])])
rotated_palm_bbox = np.array([
    np.amin(rotated_palm_landmarks, axis=1),
    np.amax(rotated_palm_landmarks, axis=1)])  # [左上, 右下]

# 平移矩形框
wh_rotated_palm_bbox = rotated_palm_bbox[1] - rotated_palm_bbox[0]
shift_vector = PALM_BOX_SHIFT_VECTOR * wh_rotated_palm_bbox
rotated_palm_bbox = rotated_palm_bbox + shift_vector
# 将矩形框变为正方形
center_rotated_plam_bbox = np.sum(rotated_palm_bbox, axis=0) / 2
wh_rotated_palm_bbox = rotated_palm_bbox[1] - rotated_palm_bbox[0]
new_half_size = np.amax(wh_rotated_palm_bbox) / 2
rotated_palm_bbox = np.array([
    center_rotated_plam_bbox - new_half_size,
    center_rotated_plam_bbox + new_half_size])

# 扩大矩形框，使得矩形框可以包含整个手
center_rotated_plam_bbox = np.sum(rotated_palm_bbox, axis=0) / 2
wh_rotated_palm_bbox = rotated_palm_bbox[1] - rotated_palm_bbox[0]
new_half_size = wh_rotated_palm_bbox * PALM_BOX_ENLARGE_FACTOR / 2
```

```
        rotated_palm_bbox = np.array([
            center_rotated_plam_bbox - new_half_size,
            center_rotated_plam_bbox + new_half_size])

        # 根据矩形框裁剪图像，并将其缩放至关键点检测模型输入的大小
        [[x1, y1], [x2, y2]] = rotated_palm_bbox.astype(np.int32)
        diff = np.maximum([-x1, -y1, x2 - rotated_image.shape[1],
                          y2 - rotated_image.shape[0]], 0)
        [x1, y1, x2, y2] = [x1, y1, x2, y2] + diff
        crop = rotated_image[y1:y2, x1:x2, :]
        crop = cv.copyMakeBorder(crop, diff[1], diff[3], diff[0], diff[2],
                                cv.BORDER_CONSTANT, value=(0, 0, 0))
        blob = cv.resize(crop, dsize=HAND_INPUT_SIZE, interpolation=
                        cv.INTER_AREA).astype(np.float32) / 255.0

        return blob[np.newaxis, :, :, :], rotated_palm_bbox, angle, rotation_matrix
```

hand_postprocess()函数如下。

```
def hand_postprocess(blob, rotated_palm_bbox, angle, rotation_matrix,
                    conf_threshold=0.8):
    '''
    后处理，将坐标变换到原始图像的坐标系
    '''
    landmarks, conf = blob

    if conf < conf_threshold:
        return None

    landmarks = landmarks.reshape(-1, 3)  # shape: (1, 63) -> (21, 3)

    wh_rotated_palm_bbox = rotated_palm_bbox[1] - rotated_palm_bbox[0]
    scale_factor = wh_rotated_palm_bbox / HAND_INPUT_SIZE
    landmarks[:, :2] = (landmarks[:, :2] - HAND_INPUT_SIZE / 2) * scale_factor
    coords_rotation_matrix = cv.getRotationMatrix2D((0, 0), angle, 1.0)
    rotated_landmarks = np.dot(landmarks[:, :2], coords_rotation_matrix[:, :2])
    rotated_landmarks = np.c_[rotated_landmarks, landmarks[:, 2]]

    rotation_component = np.array([
        [rotation_matrix[0][0], rotation_matrix[1][0]],
        [rotation_matrix[0][1], rotation_matrix[1][1]]])
    translation_component = np.array([
        rotation_matrix[0][2], rotation_matrix[1][2]])
    inverted_translation = np.array([
        -np.dot(rotation_component[0], translation_component),
        -np.dot(rotation_component[1], translation_component)])
    inverse_rotation_matrix = np.c_[rotation_component, inverted_translation]

    center = np.append(np.sum(rotated_palm_bbox, axis=0) / 2, 1)
    original_center = np.array([
        np.dot(center, inverse_rotation_matrix[0]),
```

```
        np.dot(center, inverse_rotation_matrix[1])])
    landmarks = rotated_landmarks[:, :2] + original_center

    bbox = np.array([
        np.amin(landmarks, axis=0),
        np.amax(landmarks, axis=0)])  # [左上, 右下]

    wh_bbox = bbox[1] - bbox[0]
    shift_vector = HAND_BOX_SHIFT_VECTOR * wh_bbox
    bbox = bbox + shift_vector

    center_bbox = np.sum(bbox, axis=0) / 2
    wh_bbox = bbox[1] - bbox[0]
    new_half_size = wh_bbox * HAND_BOX_ENLARGE_FACTOR / 2
    bbox = np.array([
        center_bbox - new_half_size,
        center_bbox + new_half_size])

    return np.r_[bbox.reshape(-1), landmarks.reshape(-1), conf[0]]

if __name__ == '__main__':
    main()
```

# 11.3　应用："石头-剪刀-布"人机大战

前面两节介绍了如何用 OpenCV 进行手掌检测和手关键点估计，根据手关键点位置计算得到手部姿态后就可以对手势进行识别，从而获得手势所要表达的信息。手势识别通常需要用机器学习的方法训练和建立手势的模型，然后通过模型来识别手势。这一节介绍一个手势识别小应用，用于识别石头、剪刀、布这 3 个手势。训练手势识别的模型比较复杂，但如果是在简单环境且手势比较标准的情况下，可以定义一些简单规则来判断是否是石头、剪刀和布这 3 个手势。

实现代码如下（完整的代码请参考电子资源 11 中的 rock-paper-scissors.py）：

```
def main():
    # 初始化手掌检测模型
    # 手掌检测模型可从下述地址下载
    # https://github.com/opencv/opencv_zoo/tree/master/models/palm_detection_mediapipe
    palm_model = cv.dnn.readNet('palm_detection_mediapipe_2023feb.onnx')
    # palm_model.setPreferableBackend(cv.dnn.DNN_BACKEND_OPENCV)
    # palm_model.setPreferableTarget(cv.dnn.DNN_TARGET_CPU)

    # 初始化关键点估计模型
    # 关键点估计模型可以从下述地址下载
    # https://github.com/opencv/opencv_zoo/tree/master/models/handpose_estimation_mediapipe
    hand_model = cv.dnn.readNet('handpose_estimation_mediapipe_2022may.onnx')
    # hand_model.setPreferableBackend(cv.dnn.DNN_BACKEND_OPENCV)
    # hand_model.setPreferableTarget(cv.dnn.DNN_TARGET_CPU)
```

```
# 打开摄像头。如果失败，修改参数为 0、1、2 中的某个值，继续尝试
deviceId = 0
cap = cv.VideoCapture(deviceId)

while cv.waitKey(1) < 0:
    hasFrame, frame = cap.read()
    if not hasFrame:
        print('No frames grabbed!')
        break

    # 手掌检测
    h, w, _ = frame.shape
    input_blob, pad_bias = palm_preprocess(frame)
    palm_model.setInput(input_blob)
    output_blob = palm_model.forward(palm_model.getUnconnectedOutLayersNames())
    palms = palm_postprocess(output_blob, np.array([w, h]), pad_bias)

    hands = np.empty(shape=(0, 47))
    gestures = []
    # 估计每只手的关键点
    for palm in palms:
        # 前处理
        input_blob, rotated_palm_bbox, angle, rotation_matrix = \
                                        hand_preprocess(frame, palm)

        # 推理
        hand_model.setInput(input_blob)
        output_blob = hand_model.forward(hand_model.getUnconnectedOutLayersNames())

        # 后处理
        handpose = hand_postprocess(output_blob, rotated_palm_bbox, angle,
                                    rotation_matrix)
        if handpose is not None:
            hands = np.vstack((hands, handpose))
            # 识别手势
            gesture = recognise_gesture(handpose[4:-1].reshape(21, 2).
                    astype(np.int32)) # 关键点
            gestures.append(gesture)

    # 在图像上绘制结果
    frame = hand_visualize(frame, hands, gestures)
    # 在窗口显示结果
    cv.imshow('Gesture Recognition Demo', frame)
```

"石头-剪刀-布" 手势识别示例如图 11-8 所示。

这个手势识别示例的基本代码与上一节的手关键点估计相同，只需增加 recognizeHand Pose() 这个识别手势的函数，该函数中设定了根据手指关节的弯曲程度来判断是不是石头、剪刀、布的规则。如下面的代码所示，getFingerBending() 函数计算了每个指尖到掌关节的距离与手指每个指节间距离的和的比，例如对于食指，对照图11-2，就是 $d_{58}/(d_{56}+d_{67}+d_{78})$，$d_{ij}$ 代表关键点 $i$ 和 $j$ 间的距离。然后返回一个 0 到 1 之间的值，以代表手指的弯曲程度，0 代表完全弯

曲，1 代表完全伸直。

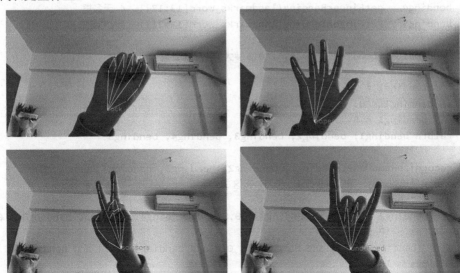

图 11-8 "石头-剪刀-布"手势识别示例

recognizeHandPose()函数中对石头、剪刀、布这 3 个手势设定了简单的规则，用来判断用户的手势。当然，这个简单的规则仅在手势比较标准时有效，作为演示没有问题，但想要在实际中有稳定、准确的手势识别效果，还是需要通过机器学习的方式建立手势模型来判断手势。

```
def getFingerBending(fourFingerJoints):
    # 计算指尖到掌关节的距离与手指每个指间距离的和的比
    # 返回一个 0 到 1 之间的值，以代表手指的弯曲程度
    # 0: 完全弯曲
    # 1: 完全伸直
    # 第一节指节(从手掌往指尖方向)
    dist1 = np.sqrt( np.sum( np.square( fourFingerJoints[0]- fourFingerJoints[1] )))
    # 第二节指节
    dist2 = np.sqrt( np.sum( np.square( fourFingerJoints[1]- fourFingerJoints[2] )))
    # 第三节指节
    dist3 = np.sqrt( np.sum( np.square( fourFingerJoints[2]- fourFingerJoints[3] )))
    # 指尖到掌关节
    dist4 = np.sqrt( np.sum( np.square( fourFingerJoints[0]- fourFingerJoints[3] )))
    bending = dist4 / (dist1+dist2+dist3)
    bending = (bending - 0.4) / 0.6
    if bending > 1:
        bending = 1
    if bending < 0:
        bending = 0
    return bending

def getFingerBendings(handpose):
    landmarks_word = handpose[4:-1].reshape(21, 2)

    bending1 = getFingerBending(landmarks_word[1:5])     # 大拇指
    bending2 = getFingerBending(landmarks_word[5:9])     # 食指
```

```
        bending3 = getFingerBending(landmarks_word[9:13])     # 中指
        bending4 = getFingerBending(landmarks_word[13:17])    # 无名指
        bending5 = getFingerBending(landmarks_word[17:21])    # 小拇指

        bending1 = (bending1 - 0.5) / 0.5 #大拇指特殊处理
        if bending1 > 1:
            bending1 = 1
        if bending1 < 0:
            bending1 = 0
        return bending1, bending2, bending3, bending4, bending5

def recognizeHandPose(bending1, bending2, bending3, bending4, bending5):
    # 定义简单的规则，用以判断石头、剪刀、布这 3 个手势
    rps = 'None'
    if (bending2 > 0.8 and bending3 > 0.8 and bending4 > 0.8 and bending5 > 0.8):
        rps = 'Paper'
    elif (bending2 < 0.5 and bending3 < 0.4 and bending4 < 0.4 and bending5 < 0.4):
        rps = 'Rock'
    elif (bending2 > 0.8 and bending3 > 0.8 and bending4 < 0.55 and bending5 < 0.55):
        rps = 'Scissors'
    else:
        rps = 'Undefined'

    return rps
```

实现了"石头-剪刀-布"手势识别后，我们可以进行扩展，设计一个机械手与人手玩"石头-剪刀-布"的小游戏：人手在摄像头前比画出一个手势，计算机通过手势识别判断出手势后，根据"石头-剪刀-布"的输赢规则决定机械手要比画的手势，然后发送指令控制机械手做出相应的手势，如图 11-9 所示。电子资源 11 的 rps 文件夹中的 rps-game.py 是该小游戏的实现代码。

图 11-9　机械手根据人的手势做出相应手势

这个小游戏有两个关键部分：手势识别和机械手控制。手势识别在上一节中已经介绍了，识别出手势后，计算机根据"石头-剪刀-布"游戏的输赢规则决定机械手要比画的手势，然后发送指令控制机械手。代码如下：

```
if rps =='Scissors':
    robotHand.setRock()
elif rps =='Rock':
    robotHand.setPaper()
elif rps =='Paper':
    robotHand.setScissors()
```

```
else:
    robotHand.setNoAction()
```

本示例中有关机械手控制的部分代码如下。类似第 10 章介绍的机械臂运动，机械手指关节的运动也是由电动机驱动的。每个机械手厂商都会提供函数给用户调用，以对电动机进行控制，不同厂商提供的函数通常是不同的，需要根据实际情况进行编码。

```
def setFingers(self, bending1, bending2, bending3, bending4, bending5):
    '''一次性设置 5 根手指的弯曲程度，bending=0 为完全弯曲，bending = 1 为完全伸直'''
    b10, b11 = self.__bending2angle(bending1, True)
    b20, b21 = self.__bending2angle(bending2)
    b30, b31 = self.__bending2angle(bending3)
    b40, b41 = self.__bending2angle(bending4)
    b50, b51 = self.__bending2angle(bending5)
    command = [0x55,0x55,0x14,0x03,0x05, self.__motionTimeByte0,
               self.__motionTimeByte1, 0x01,b10,b11, 0x02,b20,b21,
               0x03,b30,b31, 0x04,b40,b41, 0x05,b50, b51]
    self.__serialHandle.write(serial.to_bytes(command))

def setScissors(self):
    '''剪刀，石头-剪刀-布游戏手势之一'''
    self.setFingers(0, 1, 1, 0, 0)

def setRock(self):
    '''石头，石头-剪刀-布游戏手势之一'''
    self.setFingers(0, 0, 0, 0, 0)

def setPaper(self):
    '''布，石头-剪刀-布游戏手势之一'''
    self.setFingers(1, 1, 1, 1, 1)

def setNoAction(self):
    '''未出手姿势，石头-剪刀-布游戏手势之一'''
    self.setFingers(0, 1, 1, 1, 1)
```

# 第12章

# 3D 相机及其应用

随着技术的发展，在计算机视觉相关的应用中越来越多地使用 3D 相机，如机器人导航、自动驾驶、3D 重建、质量检测等。3D 视觉的研究和应用已成为目前计算机视觉的热点领域之一。

## 12.1　3D 相机简介

3D 相机也称为深度相机，它输出的是视野中物体与相机的距离。图 12-1（a）是某个场景的 RGB 彩色图像；图 12-1（b）是由 3D 相机得到的该场景的深度图，图中不同的颜色表示场景中的物体与相机距离的远近，蓝色表示物体距离相机很近，红色表示物体距离相机很远。

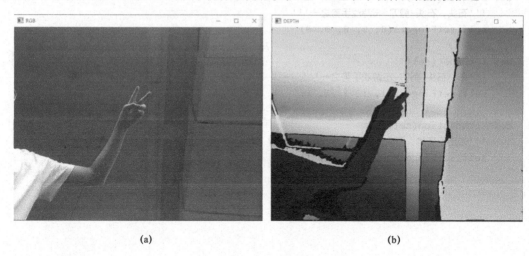

(a)　　　　　　　　　　　　　(b)

图 12-1　3D 相机深度图示例

目前市面上主流的 3D 相机主要基于以下几类技术。

（1）双目立体视觉。双目立体视觉的原理同人类的双眼类似，通过视差来获取深度信息。如图 12-2 所示，物体上的点分别在左右相机成像，但此点在左右图像中的位置是不同的（视差）。通过物体上的相同点在两幅图像中的对应关系、左右相机的位置关系和相机参数，就可以计算出物体上的点到相机的距离。

（2）飞行时间法。时间飞行法的英文是 Time of Flight（ToF）。如图 12-3 所示，ToF 相机通过激光或 LED（发光二极管）向物体发射光脉冲，然后用传感器接收从物体返回的光，通过测量光脉冲的往返（飞行）时间来计算物体的距离。

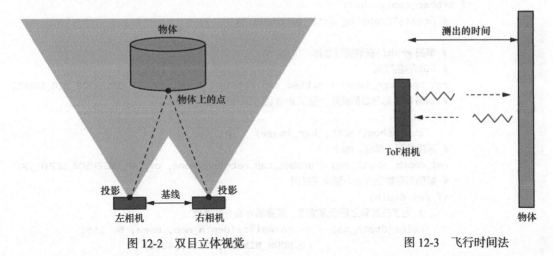

图 12-2　双目立体视觉　　　　　　　　　　　　图 12-3　飞行时间法

（3）结构光。基于结构光的 3D 相机是通过近红外激光器向视野内的物体投射具有一定结构特征的光线，再由专门的红外摄像头采集物体反射回来的光，通过计算返回图案的畸变来获取物体的位置和距离。微软的 Kinect-1、英特尔的 RealSense、苹果的 Prime Sense、奥比中光的 Astra+和 Gemini2 等都是基于结构光的 3D 相机。

OpenCV 支持 Kinect、RealSense 和奥比中光的 3D 相机系列。下面以奥比中光的 Femto ToF 3D 相机为例，介绍如何利用 OpenCV 便捷地获取 3D 相机输出的深度信息和基于深度信息的简单应用。

## 12.2　3D 相机数据的采集和显示

使用 3D 相机一般都需要调用相机厂商提供的 SDK（Software Development Kit，软件开发工具包），也就是说每换一款相机就需要重新学习一套新的 SDK，这其实对于用户进行算法原型开发来说不太友好。OpenCV 支持了 Kinect、RealSense 和奥比中光 3D 相机系列，用户通过 OpenCV 就可以直接获取相机的深度信息而无须关心相机配套的 SDK。

下面的代码展示了如何使用 OpenCV 进行 3D 相机数据的采集和显示，效果如图 12-1 所示。

```
import numpy as np
import cv2 as cv


def main():
    # 打开3D相机
    orbbec_cap = cv.VideoCapture(0, cv.CAP_OBSENSOR)
    if orbbec_cap.isOpened() == False:
        print("Fail to open obsensor capture.")
        exit(0)

    while True:
```

```
            # 从相机获取帧数据
        if orbbec_cap.grab():
            # print("Grabbing data succeeds.")

            # 解码 grab()获取的帧数据
            # RGB 彩色数据
            ret_bgr, bgr_image = orbbec_cap.retrieve(None, cv.CAP_OBSENSOR_BGR_IMAGE)
            # 解码 RGB 彩色数据成功，显示 RGB 图
            if ret_bgr:
                cv.imshow("BGR", bgr_image)
            # 深度数据（单位: mm）
            ret_depth, depth_map = orbbec_cap.retrieve(None, cv.CAP_OBSENSOR_DEPTH_MAP)
            # 解码深度数据成功，显示深度图
            if ret_depth:
                # 为了在屏幕上显示深度图，需要额外做一些处理
                color_depth_map = cv.normalize(depth_map, None, 0, 255,
                              cv.NORM_MINMAX, cv.CV_8UC1)
                color_depth_map = cv.applyColorMap(color_depth_map, cv.COLORMAP_JET)
                cv.imshow("DEPTH",  color_depth_map)
        else:
            print("Fail to grab data from camera.")

        if cv.pollKey() >= 0:
            break

    orbbec_cap.release()


if __name__ == '__main__':
    main()
```

可以看到，用 OpenCV 获取 3D 相机数据的方法与用 OpenCV 获取普通相机数据的方法相同，都是通过 VideoCapture 类来完成。对于普通相机，通常直接调用函数 cv.VideoCapture.read()完成相机帧数据的获取与解码。对于 3D 相机，则需要先调用函数 cv.VideoCapture.grab()读取相机的下一帧数据，数据获取成功后，再调用函数 cv.VideoCapture.retrieve()分别解码深度数据和彩色数据。

```
retval, image = cv.VideoCapture.retrieve([, image[, flag]])
```

其中的主要参数介绍如下。
- image：解码 grab()得到数据后的帧图像。
- flag：标志位，可以是帧索引或是与相机相关的属性。
- retval：返回值，如果相机数据没有读取成功，则返回 false。

深度图的像素值代表了图像中物体到相机的距离，这些距离值可能不在可显示区间[0, 255]内。为了让深度图在屏幕上可视化，上面的代码首先用函数 cv.normalize()将深度图的像素值归一化到[0, 255]区间，然后调用函数 cv.applyColorMap()对归一化后的深度图做一个伪彩映射，就得到了图 12-1（b）中显示的图像。可以看到，整个过程用户无须了解 3D 相机自带的 SDK，极大地方便了用户的开发。

## 12.3 应用：人体分割

这一节介绍一个基于深度信息的简单应用：基于深度图用阈值对人体进行分割。先来看一下分割的效果，如图 12-4 所示。图 12-4（a）中的轮廓线表示分割出的人体区域轮廓；图 12-4（c）是对应的二值化图，白色代表人体，黑色代表非人体；图 12-4（b）是伪彩映射后的深度图。

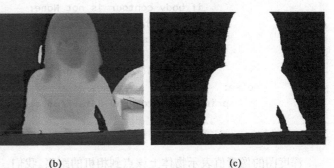

(a)　　　　　　　　(b)　　　　　　　　(c)

图 12-4　人体分割结果

实现的主要代码如下。该代码在上一节 3D 相机数据的采集和显示的代码基础上，加入对深度图进行阈值分析的处理函数 segment_body(depth_map, thres)，以及用函数 cv.createTrackbar()创建了两个调节距离阈值的滚动条，如图 12-5 所示，这两个阈值用于设置人体到 3D 相机的距离范围。

```python
def main():
    cv.namedWindow(window_name)
    # 创建滚动条以便手动调节距离阈值
    cv.createTrackbar("dist1", window_name, 700, 1000, set_thre1)
    cv.createTrackbar("dist2", window_name, 900, 1000, set_thre2)

    # 打开 3D 相机
    orbbec_cap = cv.VideoCapture(0, cv.CAP_OBSENSOR)
    if orbbec_cap.isOpened() == False:
        print("Fail to open obsensor capture!")
        exit(0)

    while cv.waitKey(1) < 0:
        # 从相机获取帧数据
        if orbbec_cap.grab():
            # 解码 grab()获取的帧数据
            # RGB 彩色数据
            ret_bgr, bgr_image = orbbec_cap.retrieve(flag=cv.CAP_OBSENSOR_BGR_IMAGE)
            # 深度数据（单位: mm）
            ret_depth, depth_map = orbbec_cap.retrieve(flag=cv.CAP_OBSENSOR_DEPTH_MAP)

            if ret_bgr and ret_depth:
                # 为了在屏幕上显示深度图，需要额外做一些处理
                color_depth_map = cv.normalize(depth_map, None, 0, 255,
                            cv.NORM_MINMAX, cv.CV_8UC1)
```

```
                    color_depth_map = cv.applyColorMap(color_depth_map, cv.COLORMAP_JET)
                    cv.imshow("Depth",  color_depth_map)

                    # 根据设置的距离阈值 thres 把深度图二值化
                    # 在二值化图中，白色代表分割出的人体区域，黑色代表非人体区域
                    segment_image, body_contour = segment_body(depth_map, thres)
                    cv.imshow("Segmentation", segment_image)
                    if body_contour is not None:
                        # 将分割出的人体轮廓绘制在 RGB 图上
                        cv.drawContours(bgr_image, body_contour, -1, (0, 255, 0),
                                        2, cv.LINE_AA)
                    cv.imshow("Body Contour", bgr_image)
            else:
                print("Fail to grab data from camera!")

    orbbec_cap.release()
```

深度图的像素值表示物体上该点到相机的距离。我们假设相机视野中的环境比较简单，只有一个人在相机前，这样就可以根据人体和相机的距离对3D相机输出的深度图进行阈值化，将人体分割出来。下面的 segment_body() 函数应用代码中实现阈值化的语句为 cv.inRange(depth_image, thres[0], thres[1])，thres[0]和 thres[1]设置了人体与相机的距离范围，它们由用户手动调节距离阈值滚动条来设定。在深度图中，如果像素的值在 thres[0]到 thres[1]范围内，则在通过 cv.inRange()函数得到的对应二值化图像中的值为 255，否则为 0，如图 12-4（c）所示。

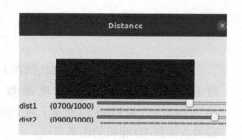

图 12-5　调节距离阈值的滚动条

我们可以使用函数 cv.findContours()在阈值化后的二值图中获取轮廓，然后将人体轮廓在 RGB 图中绘制出来，如图 12-4（a）轮廓线所示。

```
def segment_body(depth_image, thres):
    # 根据人体与相机的距离在 thres[0]和 thres[1]之间，计算二值图
    # 深度数据的单位为 mm
    output = cv.inRange(depth_image, thres[0], thres[1])
    output = cv.dilate(output, None)
    output = cv.dilate(output, None)

    # 在二值图中寻找连通区域
    contours, _ = cv.findContours(output, cv.RETR_EXTERNAL, cv.CHAIN_APPROX_SIMPLE)
    max_area = 0
    max_idx = -1
    # 取面积最大的连通区域作为人体区域
    for idx, contour in enumerate(contours):
        area = cv.contourArea(contour)
        if area > max_area:
            max_area = area
            max_idx = idx
    body_contour = None
```

```
    if max_idx > -1:
        body_contour = (contours[max_idx],) # 分割出的人体区域的轮廓
        output = np.zeros(depth_image.shape, dtype=np.uint8) # 分割出的人体区域的mask图像
        cv.fillPoly(output, body_contour, 255)

    return output, body_contour
```

## 12.4 应用：人脸鉴伪

下面我们再用深度信息来实现另一个应用：判断相机前的人脸是真人的，还是照片中的。真人的脸是立体的，所以脸上不同位置到相机的距离是不同的；而照片中的脸是二维的，在照片正对相机的情况下，脸上不同的位置到相机的距离基本相等。也就是说如果检测出的人脸是照片中的脸，那么脸部不同的点到相机的距离的均方差会很小。根据脸部区域到相机距离均方差的大小，可以判断人脸是否属于真人。

电子资源 12 中的 anti-spoofing.py 是判断人脸是不是真人的完整代码，下面的代码展示的anti_spoofing() 函数是其中的关键部分。在此函数中，用 np.std() 计算了人脸上 5 个关键点到相机距离的均方差，并设置均方差的阈值为 5。当距离的均方差很小（小于 5）时，说明 5 个关键点（2 只眼睛中心、鼻尖、2 个嘴角）到相机的距离很接近，波动不大，这时就可认为该人脸是一张平面，即人脸是在照片中的脸。

```
def anti_spoofing(faces, depth_map):
    face_flags = []

    if faces[1] is not None:
        thickness = 2
        #每一张脸
        for idx, face in enumerate(faces[1]):
            # 人脸框和 5 个关键点数据
            coords = face[:-1].astype(np.int32)

            std = -1
            dist = []
            h, w = depth_map.shape
            # 5 个关键点到相机的距离（单位：mm）
            for i in range(2, 7):
                if 0 <= coords[2*i] < w and 0 <= coords[2*i+1] < h:
                    dist.append(depth_map[coords[2*i+1], coords[2*i]])
            if len(dist) == 5: # 计算 5 个关键点到相机的距离的均方差
                std = np.std(dist)
            print("std: {:.2f}".format(std))

            # 使用限制条件：人脸要正对相机
            if std < 0: # 未判断
                face_flags.append(0)
            elif std < 5.: # 伪造
                face_flags.append(-1)
```

```
else: # 真人
    face_flags.append(1)

return face_flags
```

　　示例结果如图 12-6 所示。其中：图 12-6（a）为真人的脸（以绿色框在 RGB 图上进行标识），均方差大于 10；图 12-6（b）为照片中的人脸（以红色框进行标识），均方差一般小于 2。

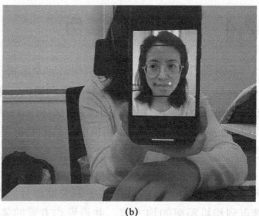

(a)　　　　　　　　　　　　　　　　　　(b)

图 12-6　判断人脸是不是真人的脸

　　需要说明的是，该示例是一个小的示例，用这种简单的方法来判断人脸是不是真人的脸时，人脸必须要正对相机。在复杂的实际场景中，这种方法就不可靠了，需要用更成熟、健壮的基于深度信息的算法。

　　12.3 节和 12.4 节介绍的两个应用示例简单地利用距离信息，就可以实现在普通 2D 图像上可能需要进行复杂分析才能得出的结果。3D 视觉由于能提供比 2D 视觉更多的信息，因此可以让计算机视觉实现很多高级应用。实际上 3D 视觉处理和应用比这两个示例复杂得多，感兴趣的读者可以继续深入学习。